阅美 文化

阅 读 阅 美 ， 生 活 更 美

U0259032

女性生活时尚第一阅读品牌
□ 宁静　□ 丰富　□ 独立　□ 光彩照人　□ 慢养育

宝贝，
吃饭啦！

——跟胖星儿学做健康儿童餐

胖星儿 著

漓江出版社

目 录
Contents

序　言：学着像孩子那样生活　008

第 1 章
给孩子的味蕾留白——辣妈喂养新理念　011

1. 给孩子的味蕾留白：幼儿食物烹饪守则　012
烹饪好吃的清淡食物

🍵 保持清淡的本味：豌豆炒鱼米　014　越南春卷　015

🍵 天然调味料：肉末茄丁　016　肉丸南瓜酱面　017

🍵 无添加原味烹饪：鸡蛋胡萝卜　018　西芹苹果沙拉　019

2. 做饭不是头等大事：烹饪简单化　020
省事烹饪法

🍵 充分利用厨房小家电：番茄冬瓜蒸鸡块　024　香肠木耳炖菜花　025

🍵 食材多用法：排骨的72变　027

🍵 成品酱汁+速熟食材：黄豆酱三文鱼　030　蚝油香菇芹菜　031

3. Hi, 点心时间到：必不可少的小点心　032
家庭自制健康小点心

🍵 放学路途小食：燕麦能量棒　036　　芝麻奶酪脆片　037

🍵 晚餐前的小吃：番茄奶酪烤面包　038　　陈皮红豆沙　039

🍵 轻盈加餐小点：水果燕麦冰粥　040　　山药蓝莓奶昔　041

第 2 章
吃拌菠菜还是吃拌黄瓜——不挑食的管教　043

4. 吃拌菠菜，还是吃拌黄瓜　044

让孩子爱上吃蔬菜

🍵 拌饭法：菠菜猪肝粥　046　　青菜饭　047

🍵 菜肉混合：泡菜鸡肉肠　048　　蚝油什蔬鱼丁　049

🍵 蔬菜馅：胡萝卜鸡蛋蒸饺　050　　蔬菜鸡肉饺　052

5. 吃蔬菜，又不是吃药　054

蔬菜也好吃的烹饪方法

🍵 蔬菜沙拉：鲜芒时蔬鲜虾沙拉　058　　大拌菜　059

🍵 浓味烩菜：奶汁西蓝花　060　　普罗旺斯炖菜　061

🍵 特色蔬菜料理：萝卜素丸子　062　　酥烤什锦蔬菜　063

6. 向洋快餐学习　064

洋快餐的家庭模仿秀

🥣 豆腐莲藕汉堡包　069

🥣 老北京蔬菜鸡肉卷　071

🥣 菠菜蘑菇比萨　073

🥣 牛奶草莓冰　075

🥣 柠檬苹果汽水　077

第 3 章

厨房，让妈妈做主——不能发胖的童年　079

7. 厨房，让妈妈做主　080

健康肉食料理

🥣 调味压轴：西葫芦焖鸡块　084　　蔬菜烧排骨　085

🥣 小块吃肉：菠菜肉丸　086　　番茄洋葱炒鸡脯　087

🥣 清淡调味：清卤牛腱肉　088　　鲜菌丝瓜煮鱼　089

8. 每天"素晚餐"：每日5样全营养　090

素菜有滋味

🥣 "荤式"素菜：XO酱蒸粉丝娃娃菜　092　　浓汁萝卜　094

🥣 西式素菜：豆饼　096　　南瓜蔬菜汤　098

🍚 营养素菜：豆腐丸子　100　地三鲜　101

9. 吃不胖的小甜点： 低卡路里的甜品　102

低卡路里小甜品

🍚 水果甜品：香蕉芝麻冰棒　104　果丝沙拉　105

🍚 季节糖水：冬瓜薏米水　106　百合炖梨　107

🍚 分享下午茶：银耳莲子羹两吃　108　迷你冰糖葫芦　109

第 4 章
让一生都美好的卡通儿童餐——营造餐桌温情
111

10. 让一生都美好的卡通儿童餐　112

卡通摆盘的小窍门

🍚 鸡蛋羹：笑脸鸡蛋羹　114　绿脸小怪物蛋羹　115

🍚 三明治：小鱼三明治　116　猪头三明治　117

🍚 卡通面点：猪头包　119　兔子包　119　刺猬包　119

🍚 全营养拼盘：积木拼盘　120　妈妈面盘　121

11. 有家庭派对的童年才完整　122

儿童派对的营养餐谱

🍵 开胃菜&甜食——桂花蜜汁双色球　126　　　🍵 配菜——鲜虾泡菜沙拉　131

🍵 汤——奶油蔬菜汤　127　　　🍵 主食——香菇胡萝卜杂粮菜饭　132

🍵 主菜——洋葱排骨　129　　　🍵 零食小吃——爆米花　133

12. 野餐是必需的家庭生活　134

野餐食物自己做

🍵 野餐三明治：照烧三文鱼碎和蔬菜三明治　138　　碎蛋三明治　139

🍵 日式野餐：蔬菜肉末饭团　140　　菠菜玉子烧　141

🍵 野餐零食：酸奶蓝莓麦芬　142　　烤红薯片　143

第 5 章
从厨房认识世界——厨房里的早教　145

13. 从厨房认知世界　146

充满新鲜感的食谱

🍵 新鲜的食材：排骨蔬菜炖鹰嘴豆　151　　鸡肉牛油果沙拉　153

🍵 新奇的味道：青酱虾仁拌面　154　味噌烤鱼　155

🍵 新颖的形式：面包煎蛋配番茄鲜虾沙拉　156　英式蔬菜布丁　157

14. 绘本里的美味　158

烹饪绘本里的美味食物

🍵 草莓豆腐　161

🍵 石头汤　163

🍵 意大利面：基础番茄意面酱　165　鸡肉蘑菇意面　167

🍵 弗朗西丝的午餐饭盒：奶油番茄汤 ＋ 虾肉三明治 ＋ 蔬菜蘸酱　169

🍵 松饼　173

15. 家庭主题餐日　174

重要节日的家庭食谱

🍵 春节：小白菜酱肉饺子　176

🍵 圣诞：中国式八宝烤鸡　178

🍵 生日：戚风蛋糕　181

学着像孩子那样生活

前段时间，我独自一人带着两个孩子在国外生活了三个月。回家后，所有人看到我都作夸张状惊呼："瘦得不可思议！"——三个月，我瘦了六公斤，自怀孕、生子之后就一直顽固在身上的脂肪就这样被轻松地卸掉了。

每次惊呼后，朋友都会问我如此神效减肥的方法是什么。我的回答是："不节食、不吃药，但会和孩子吃一样的食物。"真是这样，这确实是我的瘦身之道。为图省事，我只能不再讲究自己的饮食偏好，每天给孩子烹饪的饭菜也是我的三餐：大量且丰富的蔬菜，清淡而简单的烹饪方式，几乎没有零食，甜品严格限量。而且，因为所有时间都要和孩子形影不离，也就不能像在国内家里时那样，有机会躲着孩子吃点高热量、不健康但满足口欲的零食，也再无时机享受那种"成年人的生活"——比如躲在卧室里抱着爆米花靠床上看碟片，或者一边吃着外卖的比萨饼、炸鸡腿，一边上网。

不只于此，除了和孩子吃一样的食物，我还像他们一样地作息。每天，我早早就被孩子叫醒，等老大上学后，我就带老二在户外做游戏、散步，或者去超市买菜、逛逛街区，中午和老二一起简单午餐后小睡一会儿，然后做家务、准备晚餐，再接老大回家吃饭、陪俩娃一起

玩，好容易把他们哄睡后，我也赶紧再做点自己的事情就早早睡觉了。

那段时间，我其实只是过着像我所要求孩子那样的生活：健康的饮食，长时间的户外活动，早睡早起，却让我浑身轻松了很多。而在这轻松中，你会感觉生活得是如此笃实又充满自信。

仔细想想，在陪伴孩子的同时，也像孩子那样去生活、去感知世界，我真的受益良多，并不仅仅是减肥。当孩子读书、学习的时候，不只是坐在旁边监督或者是指望他们自觉，而是也和他一起读书、写字——孩子攥着铅笔练习写字母的时候，我可以握着毛笔重新练写大字；孩子学琴的时候，我也跟着一起受教；孩子跟着外教大声朗读英语童谣时，我也附和着一起朗诵……日复一日，我重新捡拾起了学习的快乐，弥补了自己童年的缺失，这让我的内心越来越充实，好像生活都焕然一新了。

我以为，这才是养育孩子的最大乐趣和收获吧——学着像孩子一样地生活，让心中充满青春一般的喜悦。

给孩子的味蕾留白——辣妈喂养新理念

当孩子很小、味觉系统尚敏锐、还未体味过更多滋味的时候，妈妈并不用挖空心思考虑怎么做饭更好吃，而是要给他们幼小的味蕾留白，用清淡的饮食保护他们的味觉，让他们长大以后自己慢慢去探索各种滋味，充分享受美食的乐趣。

1. 给孩子的味蕾留白：幼儿食物烹饪守则

烹饪好吃的清淡食物

🥣 保持清淡的本味：豌豆炒鱼米，越南春卷
🥣 天然调味料：肉末茄丁，肉丸南瓜酱面
🥣 无添加原味烹饪：鸡蛋胡萝卜，西芹苹果沙拉

　　每个小朋友因着不一样的喂养经历而慢慢形成了自己独特的饮食偏好，并伴随他长大，从此口味难易。因此，不如给他们幼小的味蕾留白，用清淡的饮食保护他们的味觉，让他们长大以后自己慢慢去探索食物里的各种滋味，充分享受美食的乐趣。

给孩子的味蕾留白

　　《绝望主妇》里有这样一个情节：勒内特的一个同事为了保持苗条，一直母乳喂养已经有五六岁大的儿子，这让她和其他同事很不能接受。于是有一天，勒内特偷偷给这个男孩买了一瓶巧克力奶喝。然后过了半天，男孩的妈妈难过地哭着告诉她，自己的儿子再也不肯喝母乳了。也许这个情节有点夸张，但是很多小孩的口味确实是这样的：一旦品尝到更香甜或者更浓郁的滋味，便不再乐意吃那些清淡的食物了。

　　我自己的小孩也是因为偶尔吃了一次大人食物，便从此拒绝再吃婴儿食品。小女儿可乐在 9 个月之前一直是吃各种无添加的蔬菜泥和果泥，她原本很享受尝试除了奶粉之外的各种滋味，那些在我们大人

吃来觉得味道奇怪的西蓝花泥、清淡的西葫芦泥，她都吃得很开心。但有次全家在餐厅吃饭，因为可乐总闹着要吃我们的菜，我一时心软就给她吃了一点大人吃的土豆泥和番茄意面，结果从此她便不肯再像以前那样乖乖又心满意足地享受婴儿食物了——若西蓝花不混在南瓜泥里，她是决意不会吃了。还有一次，因为超市里卖完了原味磨牙米饼，我就买了苹果味的给她吃。等下次我再买到原味米饼递给她时，她只尝了一口便把米饼扔掉了，又哭又闹，试图示意我她要吃有甜味的苹果米饼。

老话常说：孩子就好像一张白纸，我们大人在上面画什么，孩子就会变成什么样。其实小孩子的味蕾也是如此。每个小朋友正是因着家庭不一样的喂养经历而慢慢形成了自己独特的饮食偏好：口重或口淡，喜欢吃肉或更爱素菜，口味善变或者保守……这种饮食偏好会伴随他长大，渐渐固定下来，从此口味难易。口味会影响一个人对食物的感受，以及健康——确实如此，口味过于单一和固执，就不太能从食物里体验到乐趣，或许还会导致营养摄取不均衡。

所以，当孩子很小、味觉系统尚敏锐、还未体味过更多滋味的时候，妈妈并不用挖空心思考虑怎么做饭更好吃，而更应该注意避免让孩子太早吃到不恰当的食物，比如糖果、炸薯片等；同时不要在烹饪时加太多调料，1岁之前的辅食几乎不用加盐、糖，否则不仅加重他们的消化负担，还会破坏他们的味觉。在1岁之后也应该尽量少用调料，这样更为健康，也能让孩子在清淡中体察到食物的本味。

我以为这样的做法，就是给孩子的味蕾留白。用清淡的饮食保护他们的味觉，让他们长大以后自己慢慢去探索各种滋味，充分享受美食的乐趣。

你也许会用自己固有的饮食偏好去想当然：孩子会不喜欢清淡的食物。其实，清淡未必是无味寡淡，清淡其实也能让人垂涎，不信你试试看：炖一锅鸡汤，待汤不热后捞出鸡撕成鸡丝，汤则放冰箱冷藏以让表面油脂凝固；煮些面条过冷水后盛在大碗里，抓一撮鸡肉丝放上面，再切些生菜丝摆在面上；鸡汤撇去油脂后重新倒入锅里，加一些嫩得一咬一汪水的豌豆用清鸡汤煮熟，然后连着豌豆、滚热的鸡汤一起浇进面碗里——清香的鸡汤，爽脆的生菜丝，甜嫩的豌豆，虽然清淡，却口口美味啊。

烹饪好吃的清淡食物

＊保持清淡的本味

美食家沈宏非说过："清蒸是对鱼最高的礼遇。"没错，保持食物的清淡，既是对食物的尊重，也是感恩自然的恩赐——赋予食物各种美好的滋味：甘甜的红薯、清香的黄瓜、酸溜溜的番茄、苦丝丝的苦瓜。

而清淡的烹饪就是要尽量保护食物原有的滋味，不要用太过浓重的调味去遮盖食物本身的味道，仅一点点盐、糖、酱油或者醋，就足够了。像清甜的豌豆、胡萝卜、玉米，都最是适合淡雅的烹饪，这样也能让孩子在清淡中品尝到食物本身的美味。

豌豆炒鱼米
（适合 1 岁以上）

绿的豌豆、红的胡萝卜、白色的鱼肉，丰富又鲜艳的色彩很吸引小孩子。同样的烹饪方式，你也可以换成鸡肉、黄瓜、红彩椒，一样很好吃。

原　料

豌豆（嫩豌豆）1杯，胡萝卜1/2根，鱼柳（无刺鱼肉）150克，姜2片，柠檬1片，白胡椒粉少许，淀粉2勺，牛奶2勺，鸡汤1／2杯，鸡蛋清1/2个

步　骤

❶ 鱼肉切比豌豆略大的丁，挤少许姜汁、柠檬汁，撒少许白胡椒粉，再倒入鸡蛋清抓匀后腌15分钟。

❷ 胡萝卜去皮，切豌豆大小的丁，先放入锅中煮软，捞出备用。

❸ 鱼肉丁腌好后抓出，撒少许淀粉抓匀。

❹ 把锅烧热后，倒少许油，油温后，放入鱼丁迅速滑炒开。

❺ 倒入豌豆丁、胡萝卜丁后，放入鸡汤，略煮几分钟至豌豆熟、软，将淀粉与牛奶混合均匀，淋入锅中勾芡即可。

> **特别说明：**
> 1岁以下、已经吃过肉的宝宝也可以吃这道菜，但是最好将豌豆和胡萝卜打成泥糊状。另外，北方的豌豆略老，南方的豌豆在春季时很甜嫩。如果不容易买到嫩的鲜豌豆，可以用进口的速冻豌豆代替，也很嫩。

越南春卷 （适合1岁以上）

越南春卷皮薄而软，没有油炸的程序，口味清淡，方便烹饪。小朋友大多喜欢吃卷起来的食物，所以也可以用腐皮、蛋皮、紫菜等代替越南春卷皮。

原　料

越南春卷皮8张，活海虾16只，鸡蛋1只，黄瓜1／2根

步　骤

❶ 越南春卷皮以冷水泡软，不可浸泡时间太长，一软即可。

❷ 鸡蛋打成蛋液，在不粘锅里煎成薄薄的蛋皮，然后把蛋皮切丝。

❸ 海虾放入煮沸的葱姜水里烫变色后捞出，过冷水后剥去虾皮。

❹ 黄瓜切丝，然后用春卷皮包卷好黄瓜丝、蛋皮丝和虾即可。

> **特别说明：**
> 越南春卷皮可以在网络上或者进口食品商店买到。大人食用时，可用少许蒜茸辣酱和番茄混合做蘸酱。

＊天然调味料

利用食物本身的滋味来调味，清淡却更有回味，比如煲汤时加个玉米，汤就会是甘甜的；用苹果来煮汤水，要比放冰糖更适合孩子。南瓜、番茄则是最好的酱汁调料，把南瓜煮软后炒成南瓜酱，或者是把番茄焖煮成番茄酱，然后用来当作调料，烹饪各种菜肴都非常好吃，比如最经典的传统意大利肉酱。

肉末茄丁
（适合1岁以上）

以番茄炒酱作为烹饪调料，不仅适合孩子，大人也会喜欢这个口味。用番茄酱炒肉末拌面，就是家庭版的简易意大利面。当然还可以用番茄酱炒其他各种食材，比如西葫芦、豆腐、豆干、茄子，都不错。

原料 _____

番茄2个，茄子2个，洋葱1/4只，肉末50克，生抽酱油适量，糖适量

步 骤 _____

① 茄子去皮切小丁，番茄去皮切小丁，洋葱切碎。

② 锅中倒一些油，先放入一半的洋葱碎炒软。

③ 倒入肉末，炒变色后捞出备用。

④ 另起锅，锅中倒一些油，油热后倒入茄子丁炒软，捞出备用。

⑤ 将剩下的一半洋葱碎也放入锅里，炒软后再倒入番茄。

⑥ 番茄被炒成如酱一般后，把事先炒好的肉末、茄子丁倒入，加少许酱油、糖调味，如果觉得番茄味道不浓，也可以加少许番茄酱提味。

肉丸南瓜酱面 （适合 10 个月以上）

糯甜的南瓜可以清蒸着吃，也可以煮汤，可是你试过把南瓜泥当调料来吃吗？用南瓜泥做成酱，可以炒肉、炒虾、拌面、拌沙拉等，也特别好吃。

原 料 _____

南瓜250克，洋葱1/4个，鸡肉100克，鸡汤1/2杯，姜1小块，葱1小段

步 骤 _____

① 鸡肉剁成肉泥，挤少许姜汁，倒一些葱末和白胡椒粉，搅拌上劲。

② 锅中倒足量水烧开后转小火，将搅拌好的鸡肉馅撮成小肉丸轻放入锅中，待肉丸被煮得漂起后捞出。

③ 南瓜去皮切小块，洋葱切小方片，面条煮熟后过冷水备用。

④ 炒锅中倒少许油，放入洋葱炒软、炒香，然后倒入南瓜翻炒。

⑤ 加入少许鸡汤，把南瓜焖软，直接用搅拌棒放入锅中把南瓜搅拌成南瓜泥（如果没有搅拌棒，则需要等南瓜略降温后，把南瓜放入搅拌杯中搅拌成南瓜泥）。

⑥ 把鸡肉丸放入南瓜泥中，再次把南瓜泥煮沸，关火，倒入煮好的面条拌匀即可。

＊无添加原味烹饪

　　有些食材甚至不需要任何调味料来烹饪就足够有滋味了，那么为什么不索性尝试原味烹饪呢？一点调料都不需要的美食，真的是自然的神奇造化。

鸡蛋胡萝卜
（适合 1 岁以上）

　　把胡萝卜擦成细蓉，炒软后淋蛋液炒散，是我小时候唯一爱吃的胡萝卜做法，甜甜的，又没有胡萝卜本身那股子强烈的味道。不吃胡萝卜的小朋友兴许从此就会不排斥胡萝卜了呢。

原　料

胡萝卜2根，鸡蛋2个，熟芝麻少许

步　骤
----

❶　胡萝卜去皮擦成细蓉。

❷　鸡蛋打散。

❸　不粘锅倒一些油，油温后，放入胡萝卜慢慢煸炒，直至炒出红油并炒软。

❹　把蛋液倒进锅中，然后翻炒，让胡萝卜都裹上蛋液即可。

❺　撒熟芝麻，出锅。

西芹苹果沙拉（适合2岁以上）

　　看上去粗大的西芹却比普通的芹菜口感要嫩很多，斜斜、薄薄地片成西芹片，可以让小朋友很容易咀嚼。西芹没什么怪怪的味道，配上甜甜的苹果丝，就是一道特别适合夏天的简单小菜。当小朋友大一点后，再加一点点磨碎的坚果，既增加口感，也增加香味。

原　料

西芹2根，苹果1／2个，巴旦木1勺，柠檬汁1小勺

步　骤
----

❶　西芹斜着先切成片，再切丝。

❷　苹果去皮、切丝，淋入柠檬汁拌匀，可防苹果氧化变黑。

❸　巴旦木用擀面杖擀碎。

❹　把西芹丝、苹果丝混合，拌入巴旦木碎即可。

2. 做饭不是头等大事：烹饪简单化

省事烹饪法

🥣 充分利用厨房小家电：番茄冬瓜蒸鸡块，香肠木耳炖菜花
🥣 食材多用法：排骨的 72 变
🥣 成品酱汁+速熟食材：黄豆酱三文鱼，蚝油香菇芹菜

　　有了孩子之后，家庭生活明显丰富，尤其是围绕孩子的学习、娱乐、旅游、社交，占用了家长太多时间，于是不能、也不想把太多时间局限在厨房里——作为女主人，让全家人的家庭生活多姿多彩也是责任所在，而不仅仅只是下厨做饭。这样才能保持家庭的活力，也让家里的每个人都充满正能量。

做饭不是头等大事

　　记得 2006 年我在英国小住时，当时那里比较时尚的美食话题是"slowcook"——慢烹饪。很多美食节目、杂志经常倡导大家慢烹饪，鼓励已经习惯快餐和超市半成品的家庭主妇不仅回归厨房，而且放慢速度，耐心烹饪食物，在繁复、耗时的烹饪过程中体味精致的美妙滋味，享受烹饪与生活的乐趣。那时，关于"慢烹饪"的菜谱多放在书店最显眼的位置，回国之前我还特意挑了几本慢烹饪的菜谱带回来，也给杂志写过一篇推崇慢烹饪生活方式的专栏稿。而我自己那段时间刚结婚又没有小孩，正着迷烹饪，自然也就身体力行地实践着"慢烹饪"。

但这次再去英国住段日子，就发现慢烹饪显然已不再热门，反倒是英国烹饪节目主持人、最有影响力的名厨之一 Jamie Oliver 最新出版的畅销书 *15-Minute Meals*（《15 分钟料理》）喊出了"快烹饪"的口号，而他之前出版的一本菜谱是 *30-Minute Meals*（《30 分钟料理》）。除了 Jamie Oliver，还有几位名厨也出版了类似指导人们如何用最短时间烹饪的菜谱。至于"慢烹饪"的食谱书，虽然还有出版，但已经摆放得不那么醒目了。

显然，"快烹饪"要比"慢烹饪"更符合当今人们的需要。如今早不是 Julia（美国厨师，因在上世纪 50 年代把法国菜的烹饪方式传授给美国人而著名，在电影 *Julie&Julia* 中由 Meryl Streep 扮演）生活的年代了，越来越充实的各种生活占据了人们太多时间，再把时间消耗在厨房里的话，人生反而会觉得有些单调吧？

所以，连我这个曾经推崇慢烹饪的做饭爱好者，现在也是越来越少花时间在烹饪上，大部分时候都是半个小时搞定晚餐。因为有了孩子之后，家庭生活明显丰富，尤其是围绕孩子的学习、娱乐、旅游、社交，占用了我太多时间，于是不能、也不想把太多时间局限在厨房里——作为女主人，让全家人的家庭生活多姿多彩也是责任所在，而不仅仅只是下厨做饭。这样才能保持家庭的活力，也让家里的每个人都充满正能量。

所以，做饭不是一切的重中之重。相对于把更多的时间和心思放在厨房里埋头一个人忙活，倒不如多用一些时间来陪宝宝玩耍，即便你觉得烹饪是一种乐趣——但当宝宝太小时，他其实根本无法参与到你的厨房生活中。我总觉得，比起喂孩子精心制作的食物，悉心的陪伴更利于他的身心成长。

所以真是巧合，我出版的上一本菜谱书也是关于如何快速烹饪的《30 分钟做营养晚餐》。

不过，快速烹饪可不是凑合，如 Jamie Oliver 所言，超级快的烹饪也能带来精彩的美味。这就好像你可以选择用两个小时剁肉、切菜、擀面，给孩子包一顿鸡肉青菜小饺子；也可以选择只花 20 分钟切菜、切肉，给孩子做一顿青菜鸡丁炒饭。其实，二者的食材、营养是相同的。或者，你还可以选择搅碎蔬菜、搅拌蛋面糊、煮肉撕丝，给孩子摊一张菜叶鸡蛋饼卷鸡丝。而大部分孩子也都像喜欢饺子一样喜欢吃炒米饭、鸡蛋饼，而且食物的营养价值并没有因烹饪步骤的减少而降低，所以我会更愿意多做几次炒饭、蛋饼。其实，各种食物尤其是蔬菜的烹饪，越简单、越迅速，营养的损失会越小。

当然，又快又好地烹饪是有一些窍门和经验的。

快速烹饪小窍门

◇ 拿手菜要会 72 变

菜多做几次就会因为顺手而越做越利落、迅速，所以，试着把几道有家人喜欢的口味、自己也做得顺手的菜多做一些变化，也是提高烹饪速度的小窍门。

比如我家儿子很喜欢我把蔬菜、木耳和肉用蚝油、糖、豆瓣酱做调味炒，于是我能很快又轻松地在这个组合的基础上换样炒出肉丝木耳蒜苗、芦笋木耳虾仁、莴笋木耳鱼片、青椒木耳牛肉，等等。

◇ 一道菜可以循环反复利用

有些复杂的菜，尤其是长时间保存不会影响其营养价值和味道的肉菜，一次可以多烹饪一些，然后分几次变着花样地组合烹饪，也是快烹饪的诀窍。例如红烧牛肉时可以多炖些，剩下的连着汤汁一起放冰箱，还可以再做牛肉烧萝卜、牛肉蔬菜汤、青椒炒牛肉，等等。

◇ 用西餐方式烹饪中餐

一些西餐的烹饪方式很省时间，可以用来烹饪中餐，既减少了下厨的劳动量，也保持了中餐的味道。

我最喜欢的一道中菜西做的菜是秘汁烤排骨蔬菜——用蚝油、黄豆酱、番茄酱、黄酒、蜂蜜等调的酱汁把排骨腌入味，烤的时候连着胡萝卜、芦笋、菜花、西葫芦等一起放入烤箱，一道菜里有肉、有蔬菜，非常省时、省事，而且味道浓郁。

◇ 简化烹饪可一举多得

你知道吗，蔬菜切得粗点可以省下切菜时间，还可以减少维生素的流失。所以简化烹饪可是一举多得，快捷又保持营养：能直接炒的菜就不用先焯，烹饪步骤越少，营养保留越多；菜能不切就尽量不切，菜越少用刀，营养流失就越少；炒菜时间越短，调味料的深入就越少，菜里渗入的盐分、糖分、油脂就越少，就会更加健康。

◇ 充分利用家用电器

烤面包片的吐司炉不仅可以烤面包，你可以试着把三文鱼切厚片包上锡纸放吐司炉里，重复几次烤面包程序，就可以做出嫩烤三文鱼呢，够简单方便吧？其实很多你现有的家用电器都能帮你减少烹饪时间呢。比如微波炉，不仅可以加热食物，还可以把鸡块、冬瓜、香菇和清水放入大碗里，用微波炉叮几十分钟，就可以做出一道鲜美的冬瓜鸡汤，减少实际的烹饪劳作时间。

省事烹饪法

*充分利用厨房小家电

　　电饭锅除了煮饭还可以做煲仔饭、焖鸡翅；用烤箱做红烧鱼可以减少油烟，也不用总是站在灶台边操作；用电炖锅炖肉则可以预定好烹饪时间，早晨安心出门，晚上回家就可以吃上美味软烂的红烧肉了。越来越多的小家电正在方便着我们的生活，如果对味道不是那么苛刻要求的人，尽管挖掘家中各种小家电的用途，可以节省不少烹饪的时间和精力呢。

番茄冬瓜蒸鸡块

（适合8个月以上）

　　不要总把微波炉当作"热饭炉"，用微波炉一样可以烹饪出味道还不错的菜肴，尤其是汤菜，鲜美又省时间。

香肠木耳炖菜花 （适合 2 岁以上）

我超级热爱电炖盅，可以很方便地烹饪各种低卡路里又鲜美的食物，不只炖甜汤，我也常用它来做炖菜，特别省事：把所有材料放进锅里慢炖，远离灶台就有汤汤菜菜的舒服晚餐或者午餐，很适合喜欢清淡口味的人。

原　料（3~4 人份）

鸡腿1只，番茄2个，冬瓜1厚片（约150克），姜少许，料酒1勺，盐适量

步　骤

❶ 鸡腿去骨头、去皮，在淀粉水里浸泡20分钟以去除血沫，冲洗干净后擦干水，切块，用少许料酒抓匀再腌15分钟。

❷ 番茄去皮（可以用番茄去皮刀直接削皮，也可以先在番茄顶上用刀画十字，然后放微波炉里用高火加热1分钟，就容易去皮了）、切丁；冬瓜去皮，切小一点、薄一点的片；姜切丝。

❸ 把冬瓜平铺在一个可以放入微波炉里加热的大碗底部，放入鸡肉块、番茄丁、姜丝，倒入适量水（约1200毫升）没过全部材料。

❹ 在大碗上盖上盖子或覆一层保鲜膜，但是要注意留些缝隙透热，或者扎几个小孔，然后放入微波炉里，以最高火加热约35分钟或至食材烹饪熟，根据口味撒少许盐即可。

特别说明：

用类似的办法还可以做香菇鸡汤或者冬瓜鱼片汤等，需要注意的是要选容易烹饪的肉类。

原　料

菜花1／2棵，木耳8~10朵，高汤1／2碗，广式香肠1根

步　骤

❶ 菜花择小朵，木耳泡发后洗净，广式香肠切片。

❷ 炖盅加热水，放入浓汤宝拌匀。

❸ 加入菜花、木耳、香肠片。

❹ 放入电炖盅里蒸约60分钟，也可以用普通的锅大火隔水蒸，约蒸30分钟即可。

＊食材多用法

　　肉菜的烹饪是比较费时的，但缺了肉菜又总觉得少点滋味，而且孩子的成长发育也需要补充蛋白质。现在不提倡每餐吃太多肉类，适量补充蛋白质，达到均衡营养就可以了。这倒为快手烹饪提供了一个解决办法：可以一次多炖一些肉，然后连续三四天，每天用不同方法、配以不同食材做出不一样的菜。比如烤一只鸡，除了可以吃烤鸡腿，还能做出鸡丝拌白菜、芹菜鸡碎三明治、孜然炸鸡架等好几道菜，而且每道菜做起来都简单又迅速。

排骨的 72 变

　　清炖排骨是最平常不过的家常菜，但是却可以变化出很多花样。比如，一次炖一大锅排骨，第一天吃清炖排骨，剩下的分份冷冻，就可以用来烹饪出花样排骨菜啦，保证宝宝不会觉得总吃排骨太无趣。

基础炖排骨

原　料

排骨适量，姜少许，山药、胡萝卜等适量

步　骤

❶ 排骨放入开水里焯一下，去除血沫。

❷ 排骨放入炖锅中，倒足量水，放入姜片，文火将排骨炖烂，也可以放些玉米、胡萝卜、山药等和排骨一起清炖。

排骨的变化烹饪之排骨蔬菜粥
（ 适合 8 个月以上 ）

原　料

排骨2块，小油菜2棵，白粥1碗

步　骤

❶ 清炖排骨剔骨，将排骨肉切碎。

❷ 小油菜切碎末。

❸ 煮一锅白粥，关火前倒入小油菜碎和排骨碎，再煮一分钟即可。

特别说明：

也可用炖排骨的汤来煮粥，味道更香。

排骨的变化烹饪之蔬菜
排骨米肠 （适合1岁以上）

原　料 ....

炖排骨2块，西蓝花5小朵，熟米饭小半碗

步　骤 ....

❶ 蒸熟米饭备用。

❷ 排骨剔骨，肉切碎末；西蓝花煮软，切碎末。

❸ 把排骨肉末、西蓝花末和米饭拌匀。

❹ 把拌好的米饭盛一些放在耐高温保鲜膜上，然后把保鲜膜卷起，把米饭卷成像香肠一样的卷，拧紧保鲜膜两头。

❺ 把做好的米肠放入微波炉里以高火加热1分钟，取出放凉后，切段，去掉保鲜膜。

排骨的变化烹饪之蔬菜丝 排骨卷饼 〔适合18个月以上〕

原 料

排骨2块，圆薄饼2～3张，胡萝卜1小段，卷心菜1/8棵，洋葱1/8个，蚝油1/2勺，生抽酱油1/2勺，香醋1勺，糖1勺

步 骤

❶ 卷心菜切丝，洋葱、胡萝卜切丝；排骨剔骨，撕成肉丝。

❷ 锅中倒少许油，放入胡萝卜丝、洋葱丝炒软。

❸ 加入卷心菜、排骨，倒一点蚝油、生抽酱油、醋、糖调味。

❹ 取一张薄饼，把炒好的菜放饼上，把饼卷起即可。

*成品酱汁＋速熟食材

　　用全家都喜欢的成品酱汁做调料，再以煎、炒、蒸、炸等较为快捷的烹饪方式烹饪快熟的食材，这样就可以大大减少做饭的时间。比如我最爱用甜面酱炒青椒鸡肉丁，十几分钟就能完成一盘有蔬菜有肉的下饭菜；或者用番茄沙司炒洋葱鱼块，抑或蚝油炒芦笋虾仁，都是好吃的快手菜。

黄豆酱三文鱼
（适合 2 岁以上）

　　鱼肉、虾肉都非常易熟，适合快速烹饪，而三文鱼更是适合中式烹饪，只要简单切块，再用浓郁一些的调料一炒，就有滋有味，特别下饭。

原 料

三文鱼1小块，小葱1个，西芹1段，黄豆酱适量

步 骤

❶ 三文鱼切麻将牌大小的块，抹少许你喜欢的品牌的黄豆酱腌15分钟。

❷ 小葱切葱花，西芹斜切片。

❸ 锅中倒少许油，下小葱花爆香。

❹ 擦去三文鱼表面的黄豆酱，放入锅中小火煎变色。

❺ 倒入西芹片后转大火略爆炒，根据口味可再加少许黄豆酱，炒匀即关火盛盘。

蚝油香菇芹菜 （适合 2 岁以上）

　　我最酷爱的调料可能就是蚝油了，提味又提鲜，只需一勺蚝油，就可以有很不错的调味，尤其是烹饪蔬菜，非常美味。

原 料

香菇4朵，芹菜2根，芝麻少许，蚝油1／2勺

步 骤

❶ 香菇切片，芹菜斜着切片。

❷ 锅里倒少许油，放入香菇慢慢煸炒出水分。

❸ 倒入蚝油，放入芹菜片略翻炒。

❹ 出锅时撒芝麻即可。

3. Hi，点心时间到：必不可少的小点心

家庭自制健康小点心

🥣 放学路途小食：燕麦能量棒，芝麻奶酪脆片
🥣 晚餐前的小吃：番茄奶酪烤面包，陈皮红豆沙
🥣 轻盈加餐小点：水果燕麦冰粥，山药蓝莓奶昔

　　"点心时间"就像正餐一样，是小孩子每天都必须有的项目，更不可遗漏，不可当作奖励或者处罚的手段，像"你要是不听话，今天就没有点心时间了"这样的想法，可就是错误的了。

"Hi，点心时间到！"

　　"克拉，点心时间到！"每天，我都会和儿子克拉有一小段很快乐的点心时间。当我准备好点心，会故意用很夸张的语调大声喊他过来，克拉也总是以同样夸张的语气很开心地答应着："好哦，吃点心喽！"每天的这段时间，都是克拉期待的开心时光，也是让我觉得特别幸福的时刻。

　　当克拉还是个小婴儿、但已经可以顺利添加辅食以后，点心时间就开始成了每天固定的日程，延续至今。

在克拉的婴儿时期，每到点心时间，我也许会拿一只苹果，切一小块给他刮成泥，而我则吃掉其余的苹果；或者给他做一小碗豌豆泥，而我则用剩下的豌豆泥抹在吐司面包片上，再撒一点海盐和奶酪粉，做成简易三明治。

等克拉稍大一点之后，我们就可以一起吃点土豆泥、酸奶、面包布丁什么的了。

当克拉可以吃更多食物后，我们的点心时间也就变得隆重、正式了。大部分时候我会做两杯酸奶水果杯，当然会每天换着花样，比如草莓、蓝莓酸奶杯，或者桃子、苹果酸奶杯，有时候还会撒点谷物脆片或者甜甜圈、小蛋糕块，我们俩一人一杯地一边享用着酸奶水果杯，一边说话。不过偶尔我也会自己烘焙一块蛋糕，这可是克拉最期待的点心，无论我的蛋糕是不是做成功了，他都特别兴奋，而且很满足地吃掉，这也总让我特别欢欣鼓舞，想着尝试更多新鲜款式的蛋糕烘焙。夏天的时候，我还自己做过冰激凌，配了新鲜的水果来当点心。克拉看着冰淇淋，简直笑得满脸开花一样的灿烂。

每天的点心虽然不太一样，但点心时间是固定的，我以为这会更有形式感，并让我们有所期待。只不过在克拉上幼儿园前，点心时间固定在每天的下午，他午睡起床后玩一会儿，我们便会一起围着桌子吃一点东西。然后他继续他的游戏，我则开始做一些家务、准备晚餐。而他上幼儿园之后，点心时间则改在了晚餐之后。幼儿园一般在下午 4∶30 晚餐，而他上床睡觉的时间接近晚上 10 点，所以这期间要加一点点心给他。所以在 7 点多、我们晚餐之后，我索性就把餐后甜品改成了和克拉一起分享的点心时间，点心时间也拉长了，有时候孩子爸爸下班得早也会加入进来，那也是家里最热闹的一段时间。

当然，我可不只是为了享受这幸福的感觉，才会每天都排出和儿子一起的点心时间。对于一个孩子来说，点心时间并非是生活额外的享受，而是健康成长的必须。当他们是婴儿的时候，那些其实是辅食的小点心可以锻炼他们的咀嚼力；幼儿时期，因他们胃还比较小，一天中要以少食多餐的方式补给营养和热量；大一些的孩子爱运动、消耗很多，两餐之间吃一些点心，正符合他们成长发育的需要。

所以，"点心时间"就像正餐一样，是小孩子每天都必须有的项目，不可遗漏，更不可当作奖励或者处罚的手段，像"你要是不听话，今天就没有点心时间了"这样的想法，可就是错误的了。

不过，因着对点心时间的重视和精心，我不只把点心单纯地看成是能量补充，而简简单单地把一杯牛奶或者一片面包当作是大人吞维生素胶囊一样给孩子吃掉就安心了，我更愿意把食材稍微加工得更精致、更有形式感一些，并会和孩子一起坐下来，慢慢地、认真地享受好吃的点心，而且会一边吃，一边聊天，于是，点心时间也就多了一些附加的价值和意义：让孩子享受到饮食的乐趣，并对每天都有所兴奋、有所期待，而我也从中感受到更多家庭带给我的知足与幸福。我想，在多年之后，这个意义倒会显得更弥足珍贵吧——等孩子长大以后，当我们想起每天都曾有过的点心时间，克拉的内心会充满温暖，而我则会对人生心存满足和感激。

点心时间的法则

· 点心时间里应该以低糖、少油、健康、低卡路里，还要有营养价值的点心为主，而酸奶和水果应该是主角，此外，全麦吐司面包片、法棍面包等，以及坚果、牛奶、奶酪都可以作为点心。零食、深加工食物不适合作为点心。总之，食物的加工程序越少、味道越单纯越好。

· 偶尔溺爱一下自己和宝宝也是生活的乐趣和幸福。所以，一周享用一次会带给人"罪恶感"的高热量美好甜点，真没什么大不了。一个连布朗尼蛋糕都没有吃过的孩子，他的童年简直是美味残缺的。

· 天气好的时候，记得可以偶尔安排一次室外的点心时间，可以去公园，甚至就在小区里的小花园里，和孩子一起晒着太阳、吃着香蕉夹心三明治，你会体会到更多的幸福感，心情也会很舒畅。

· 周末的时候，点心时间则应该全家一起来度过，尤其是和家里的老人一起来分享是更有意义的，这会让孩子从小就建立起家庭的观念。有时候，也可以请孩子的小朋友一起来家里度过一次点心时间，这会让孩子更爱你。

家庭自制健康小点心

*放学路途小食

　　虽然我家的小孩子是在幼儿园早早吃完晚餐回家，可是也有很多小朋友的幼儿园是没有晚餐的。妈妈们会在晚餐前去接小朋友，可能回家，也可能去参加一些课外学习，还会有很长一段时间才能吃晚餐。这段路途中，可以给小朋友吃一点加餐，而自家烹饪的小食物可能是最可靠的小点心了。

燕麦能量棒
（适合 2 岁以上）

　　以燕麦做的能量棒可以迅速补充热量，特别适合要参加比较剧烈的活动的孩子。但是由于糖分高，所以不适合作为日常的小点心。

原 料

即食燕麦120克，熟杏仁碎100克，全麦面粉60克，葡萄干30克，香蕉片少许，蜂蜜115毫升，黄油15克，水15毫升

步 骤

❶ 将除蜂蜜、黄油、水之外的所有材料混合均匀。烤箱预热155~160度，烤盘刷些油，然后将烤盘纸铺上，粘紧。

❷ 100毫升蜂蜜和15克黄油混合，加热至温，然后倒入步骤1的混合物中，拌匀。

❸ 将混合物倒入烤盘中，铺平，使劲压紧，把麦片非常紧地压平。

❹ 放入烤箱中层烤25分钟。

❺ 另将15毫升蜂蜜与15毫升水混合好，25分钟后将烤盘取出，表层刷上蜂蜜水，再送回去烤5分钟即可出烤箱。

❻ 出烤箱后需放置2~3小时，至完全冷却后再去盘切块。

芝麻奶酪脆片 （适合18个月以上）

要让小朋友每天对点心时间充满期待，是点心时间的价值所在。所以很重要的一点就是，一定要经常变换点心的花样，才能让孩子对食物怀有热情。这款奶酪脆片一定可以带给小朋友莫大的惊喜和新鲜，而且还有助补钙。

原 料

车达奶酪，芝麻

步 骤

❶ 车达奶酪擦成短而细的奶酪丝。

❷ 烤盘中铺烘焙纸，将奶酪丝一小撮、一小撮地分堆儿放在烘焙纸上，并要让奶酪丝摊平，且每堆之间有2~3厘米的空隙。

❸ 在奶酪丝上撒上芝麻。

❹ 烤箱预热200度，把烤盘放入，待奶酪融化、起小泡且略微变黄后取出。

❺ 放置自然降温后即可食用，也可以储存在密封罐子里，但是要三四天内食用完。

＊晚餐前的小吃

小朋友放学回家到全家人围在一起吃晚餐的这段时间，经常会觉得肚子饿。简单好做，又不至于太饱腹的小点心是最适合这时吃的，比如一个迷你的小三明治，或者两片苏打饼夹奶酪。

番茄奶酪烤面包
（适合 2 岁以上）

这道好吃又好做的点心特别受小朋友欢迎，制作时间又短，三五分钟就可以端出一盘很有茶餐厅风味的小点心呢。

陈皮红豆沙 （适合1岁以上）

对于小朋友来说，可能蛋糕、饼干更像点心一些。不过我倒更推崇用一些传统的中式甜品、小食来给孩子当点心。因为传统的中国点心很讲究因季节的变化而选择不同的食材，像这一碗红豆沙便是冬天最好的小食，红豆温暖人心，而陈皮又有通肺消咳的益处，正好借此和小朋友展开天文、地理、中医、历史的话题，可以天马行空畅聊一气，同时也是对中华传统美食文化的传承。

原 料（3~4片）

法棍面包1截，番茄（偏生）1/2个，熟玉米粒（可将冷冻玉米粒解冻后使用）1/2碗，奶酪片2~3片，番茄沙司2勺

步 骤

❶ 法棍面包斜切成约1厘米厚的面包片，番茄切半圆片，玉米粒放入碗中备用，奶酪片切成约0.5厘米宽的细条。

❷ 取一片面包，涂抹薄薄一层番茄沙司。

❸ 摆上一片番茄，再撒上一些玉米粒。

❹ 将奶酪条斜着、交叉摆在番茄和玉米上。

❺ 把剩下的面包也都如此涂抹上番茄沙司，摆上番茄、玉米、奶酪，放入烤盘中，送进已预热到185度的烤箱中烤至奶酪融化。

原 料

陈皮，红豆，冰糖，水

步 骤

❶ 将陈皮、红豆、冰糖放入锅中，加水没过红豆。

❷ 中火煮开后，转小火慢炖至红豆软。

❸ 如果不喜欢太重的陈皮味，可以捞出陈皮，将红豆连着汤水一起放入搅拌机中搅拌成泥即可。当然也可以连着陈皮一起搅拌，味道更浓郁。

＊轻盈加餐小点

对于年龄较小或者活动量比较少的孩子来说，点心不一定是传统的"点心"，其实低热量的水果、牛奶都可以当作一顿轻巧的加餐。当然，也可以做得正式一点，比如加了水果、麦片的酸奶杯，或者是煮一碗加了坚果、水果的速熟麦片粥。

水果燕麦冰粥
（适合 18 个月以上）

天气热的时候，冰粥一定是受欢迎的小点心。煮一些麦片粥冰镇上一会儿，等小朋友放学后加一点水果粒，爽口又开胃。

山药蓝莓奶昔 （适合2岁以上）

冰箱里的存货是做小点心的最好食材，早晨剩下的一段玉米、昨晚多蒸出的一段山药，都可以用来做个简单又轻盈的小点心杯。比如把玉米抹些黄油放入烤箱烤，就成了可媲美快餐店的香甜玉米；而山药则可以和酸奶一起打成奶昔，当然用南瓜和牛奶也很不错。总之，就地取材既方便又节约。

原　料

山药1段，酸奶1杯，蓝莓1把

步　骤

❶　山药蒸熟、去皮。

❷　把蓝莓、山药、酸奶倒入搅拌机中搅拌即可。

特别说明：

也可以用牛奶来做山药蓝莓奶昔，如果小朋友超过3岁，还能加一些巴旦木碎，口感和味道更好，也更有营养。

原　料

即冲即食燕麦片1／4杯，山楂干1／4杯，鲜水果适量

步　骤

❶　山楂干冲洗干净后，用热水冲泡，降低到室温后放冰箱冷藏冰镇备用，或者冻成冰块备用。

❷　选你喜欢的时令鲜水果切丁，比如草莓、樱桃、猕猴桃、提子等，都非常不错。

❸　倒一些热水在杯中，慢慢地一点点加入即冲即食燕麦片，边加边搅拌，把燕麦片搅拌成均匀的糊状。

❹　把冰镇好的山楂水或者山楂冰块倒入燕麦中拌匀，稀稠随个人喜好。

❺　将切好的水果粒和大杏仁碎（3岁以上）撒在燕麦粥上，就可以做成一碗清凉、酸甜，还颇有丰富口感的水果燕麦冰粥了。

吃拌菠菜还是吃拌黄瓜——不挑食的管教

　　今天让孩子选择蔬菜是做三明治还是做沙拉，明天就要让他选是拌黄瓜还是拌菠菜，这样，小朋友会觉得他吃的东西是自己选择决定的，吃起来也就服服帖帖了。不仅仅在饮食方面，在很多生活习惯的培养上，都可以用这种让孩子有限选择的办法引导，让他心甘情愿做个"听话"的好孩子。

4．吃拌菠菜，还是吃拌黄瓜

让孩子爱上吃蔬菜

🥣 拌饭法：菠菜猪肝粥，青菜饭
🥣 菜肉混合：泡菜鸡肉肠，蚝油什蔬鱼丁
🥣 蔬菜馅：胡萝卜鸡蛋蒸饺，蔬菜鸡肉饺

今天让孩子选择蔬菜是做三明治还是做沙拉，明天就要让他选是拌黄瓜还是拌菠菜，而后天就可以让他选：我们是该把西蓝花、菜花放进咖喱锅里呢，还是放胡萝卜和西葫芦。总之，让小朋友觉得他吃的东西是自己选择决定的，他吃起来也就服服帖帖了。

拌菠菜，还是拌黄瓜？

每次把我家儿子的日常三餐发到微博上时，都会有人感叹："你家小朋友吃好多蔬菜啊，真好，我家宝宝就不喜欢吃蔬菜，让人头疼。"

其实，我家儿子和大部分小孩一样，一点也不喜欢吃蔬菜，如果是让他自己点菜，他才不会要吃蔬菜呢。所以，我也从来不会让他自己点菜，但是——我却多半会让他有权选择：是吃拌菠菜，还是拌黄瓜，要不拌个莴笋？

哈哈，这一招对小朋友真的很有用呢！昨天晚餐，我就用这个办法让克拉心甘情愿地吃了一大盘蔬菜沙拉！

　　我昨天是打算用低卡路里的番茄沙司拌各种生菜叶和白灼虾、配全麦面包作为晚餐。而我知道，这种健康、清淡的蔬菜沙拉却是最不受小朋友欢迎的。因此，我得想办法让小朋友自愿地接受这样一盘连很多大人也要努力才能吃完的沙拉。

　　放学回家的路上，我就先和克拉商量："我们晚上吃沙拉菜和面包，你是喜欢妈妈把沙拉菜夹在面包里做成三明治呢，还是喜欢沙拉菜和面包分开吃，我会给你拌一个有虾的沙拉，面包片给你烤脆了吃。"克拉想想说："我要吃烤面包片配沙拉！"我于是点头说"好"，但和他强调说，他必须要先吃蔬菜沙拉，而且也只有吃完沙拉才会给他烤面包。克拉点头同意。

　　做晚餐时，我再次和他确认了他的选择，克拉依然说要烤面包片配沙拉。于是，我先做了沙拉给他。克拉很信守承诺地吃了一大盘蔬菜沙拉，然后才问我要烤面包片。当我把烤好的面包片递给他的时候，他突然笑得很灿烂地说："妈妈，我可以吃面包抹果酱吗？""嗯？"我故意作犹豫状，然后才说，"那好吧，你今天吃蔬菜很棒，信守了自己的承诺，那妈妈就给你抹一点点果酱作为鼓励吧。"我也真的只给他抹了一点点果酱——一片烤面包上才抹了小半勺果酱，但是涂抹得很均匀。克拉非常开心，我也有点小得意，能不露声色地管教小朋友真是皆大欢喜。

　　当然，每次给他的选择也要换着不同的花样，今天让他选择蔬菜是做三明治还是做沙拉，明天就要让他选是拌黄瓜还是拌菠菜，而后天就可以让他选我们是该把西蓝花、菜花放进咖喱锅里呢，还是放胡萝卜和西葫芦。总之，让小朋友觉得他吃的东西是自己选择决定的，他吃起来也就服服帖帖了。

　　其实，不仅仅在饮食方面，在很多生活习惯的培养上，都可以用这种让孩子有限选择的办法引导，让他心甘情愿做个"听话"的好孩子。试试吧，在他该睡觉的时候和他商量："你是现在自己上床睡觉，还是让妈妈陪你入睡，或者让爸爸哄一会儿呢？"或者问他："你是再玩5分钟睡，还是先睡觉，把这5分钟放到明天再玩呢？"这都比和他说"把玩具放下，现在该上床睡觉了"更有效果，而且心平气和。

让孩子爱上吃蔬菜

*拌饭法

何止孩子需要多吃一些蔬菜，大人们其实也常常因为贪嘴而不能每天"达标"地吃蔬菜。所以，我喜欢在烹饪中抓紧一切机会让全家老小都多吃一些蔬菜，不仅每天会清炒蔬菜，在做炖菜啊主食等时，也常会尽量在里面增加一点蔬菜，以锦上添"菜"。其中菜粥、菜饭是我最常用的办法。

菠菜猪肝粥
（适合 1 岁以上）

煮菜粥的关键是菜一定要吃前才切、才烫熟，即，粥可以先熬好，待要吃时可以重新加热粥，这时再切碎青菜，等粥一滚，立刻放入青菜末并关火，盛入碗中，这样可以减少青菜的营养流失。

原　料

大米1杯，猪肝100克，菠菜100克，小葱少许，盐少许，葱丝1勺，姜丝1勺，料酒2勺，生抽酱油1勺

步　骤

❶ 鲜猪肝清洗干净后切片，淋少许料酒、生抽酱油，加入姜丝、葱丝抓匀，盖上保鲜膜腌一会儿。

❷ 免淘米不用洗，或者冲洗后再晾干水分，倒入1~2勺油拌匀，腌几个小时。

❸ 锅中倒水，烧开后，倒入米，再次烧开后转小火慢熬至需要的黏稠度。

❹ 煮粥时，把菠菜洗干净后放入开水中烫断生，然后把菠菜切碎。

❺ 待粥煮到合适黏稠，放一点葱丝。

❻ 然后把腌好的猪肝一片片放入锅中即关火。

❼ 拌入菠菜、撒上葱花即可。

青菜饭 （适合1岁以上）

菜饭不同炒饭，不需要额外用油，只要将蔬菜炒好，拌入米饭即可，但可令米饭更有滋味，而且也更多营养。

原　料

青菜，熟米饭，蒜瓣

步　骤

❶ 青菜切碎末，蒜拍成蒜粒。

❷ 锅中倒入少许油，下蒜粒爆香，然后下青菜末略炒断生。

❸ 关火，倒入米饭拌匀即可。

✴菜肉混合

按照营养医生的建议，一个人如果每天都喝250毫升以上的牛奶，那么他每天再吃大约相当于一个扑克牌盒大小的肉就够了。这样算来，如果我们一顿饭吃了2个鸡腿，就已经大大地超标了。虽然小朋友在长身体阶段，但是每天需要的肉也不要超过大人的量。所以烹饪肉时最好的办法就是亦肉亦菜，这样就不会一不留神就吃多肉了。

泡菜鸡肉肠
（适合18个月以上）

韩国人从小就开始吃泡菜，这种以发酵方式制成的不辣的泡菜还被认为对人体有益，而以这种味道作为调味剂来制作香肠会非常别致。不过如果你确实担心孩子会不习惯泡菜的味道，或者担心孩子的身体不适合泡菜，那么也可以不加泡菜或加少许蔬菜，再以生抽酱油、盐、糖等调味。

蚝油什蔬鱼丁 （适合1岁以上）

记得小时候特别喜欢吃炒三丁：黄瓜丁、胡萝卜丁、鸡肉丁，用少许甜面酱一炒，下饭又好吃。借鉴这种家常菜的组合，我们可以做出各种口味的三丁：牛肉丁、西葫芦丁、彩椒丁，或者里脊丁、茄子丁、黄瓜丁，甚至三文鱼也可以用这种办法烹饪，味道不错，营养也全。

原　料（可做10小只左右）

鸡胸肉250克，白泡菜(不辣的白菜泡菜)100克，洋葱1/4个，小葱2根，淀粉2勺，胡椒粉2茶匙，牛奶少许

步　骤

❶　鸡胸肉整块浸泡在牛奶里约1小时，以让肉质更鲜嫩。

❷　浸泡后的鸡胸肉擦干水，剁成肉泥。

❸　在鸡肉泥里加入胡椒粉和少许浸泡鸡肉的牛奶，顺着一个方向搅拌，直至肉泥上劲，可以很轻易地攥成结实的圆团。

❹　泡菜攥干水分切成碎末，洋葱、小葱也都切成碎末。

❺　把泡菜、小葱和洋葱与鸡肉泥充分混合。

❻　用手将混合好的肉馅捏成食指大小的细条状。

❼　平底锅中倒入一些油，油温后把鸡肉肠放入锅中，中火先煎定型，然后转小火煎约3~4分钟，将鸡肉肠煎熟即可。

原　料

三文鱼，芦笋，彩椒，木耳，小葱，姜，蚝油

步　骤

❶　三文鱼切小丁，芦笋切丁，黄彩椒切丁，木耳择成小朵，小葱切碎，姜切末。

❷　锅里倒少许油，烧温后下葱碎、姜末爆香。

❸　倒入三文鱼丁煎熟。

❹　先倒入木耳略翻炒后，把芦笋、彩椒也倒入翻炒，加入蚝油调味后即可关火。

这道菜如果用烤鸭甜面酱做成酱爆鱼丁，或者把鱼肉换成鸡肉，也会很好吃。

＊蔬菜馅

　　我挺不喜欢把各种东西剁成碎末来烹饪，总觉得这会破坏了食材本身的天然滋味和口感，不过也有例外，那就是做饺子、包子、馅饼。因为这些都是传统的中国食物，是家庭精神的一种象征。恰好这种烹饪的方式，也是让孩子接受蔬菜的一个窍门，用用倒也无妨。

胡萝卜鸡蛋蒸饺
（适合 10 个月以上）

　　想要把素馅儿饺子做得好吃有几个要素，一是要放像胡萝卜、香菜、香菇这类味道浓郁的食材；二是要加入粉丝、木耳等增加口感；三是品质好的调料，尤其像鲜美的酱油、五香粉和香油是调味的关键。掌握好这几个要素，无论是做胡萝卜鸡蛋馅、小白菜粉丝馅，还是香菜豆干馅，都会很好吃。

原　料

胡萝卜，香菇，粉丝，鸡蛋，面粉，盐，生抽酱油，五香粉，香油

步　骤
---

① 将水烧开后，一点点倒入面粉中，一边倒一边搅拌，直至面粉成为雪花状的小面片。

② 面粉不烫手后揉成面团，盖上湿布静置20分钟。

③ 香菇泡发后洗净，切碎末，粉丝泡软后切碎，胡萝卜擦成细丝，鸡蛋打散成蛋液。

④ 锅中倒入一些油，油温后倒入鸡蛋液炒散捞出。

⑤ 再倒少许油将胡萝卜丝炒软，再放入香菇末略炒盛出。

⑥ 把鸡蛋、胡萝卜、香菇和粉丝混合，拌入生抽酱油、盐、五香粉调味，最后，拌入香油。

⑦ 静置好的面团分成如乒乓球大小的面剂子，然后擀成中间厚一些、四周薄一些的圆饺子皮。

⑧ 将馅盛入饺子皮中，包成饺子，放入锅中，以大火蒸熟即可。

蔬菜鸡肉饺
（适合 10 个月以上）

　　菜肉馅是非常经典的饺子馅，可以自由搭配各种组合，如猪肉白菜馅、牛肉豆角馅，等等。除此之外，还应该多尝试用白肉类来做饺子，比如蔬菜鱼肉饺、蔬菜鸡肉饺，更容易消化，热量也更低一些，很适合小朋友。另外，可以用蔬菜水和面来制作饺子、包子，漂亮的颜色会让食物充满情趣，吸引小孩子的目光。

原 料

菠菜100克（生重），面粉300克，鸡肉150克，芹菜100克，姜1小块

步 骤

① 菠菜焯熟，加少许水，搅拌成约150克的菠菜汁。

② 将菠菜汁慢慢倒入面粉里，边倒边搅拌，然后和面成面团，盖上保鲜膜醒面30分钟。

③ 芹菜洗干净后，放入搅拌杯中搅拌成芹菜泥。

④ 鸡肉剁成肉泥，姜擦成姜蓉。

⑤ 鸡肉泥、姜蓉放大碗里，分几次加入芹菜泥，每次加入时都充分搅拌，直至肉泥上劲。

⑥ 醒好的面团切割成若干直径2厘米左右的圆面团，然后擀成圆的饺子皮。

⑦ 取少许馅放入饺子皮里包成小饺子，然后放入开水锅里煮熟即可。

特别说明：

1岁以下宝宝吃的饺子不用加任何调味。

5. 吃蔬菜，又不是吃药

蔬菜也好吃的烹饪方法

🥣 蔬菜沙拉：鲜芒时蔬鲜虾沙拉，大拌菜
🥣 浓味烩菜：奶汁西蓝花，普罗旺斯炖菜
🥣 特色蔬菜料理：萝卜素丸子，酥烤什锦蔬菜

妈妈们让孩子吃蔬菜的方法可谓五花八门，不过，核心总归不过一点——将蔬菜搞得细碎得没有形状，味道也被破坏得难以辨认，再把这些蔬菜藏在肉丸子、鸡蛋饼、饺子等等之中，让孩子在糊里糊涂中把蔬菜吃掉了。如果顿顿都这样吃蔬菜简直和喂药无异，并不是什么值得自豪的高招啊——这样形味皆破碎、让蔬菜面目全非的烹饪，会让孩子愈发感受不到蔬菜的美好，这是童年味蕾记忆的一份缺失，也是对蔬菜的伤害呀。

吃蔬菜，又不是吃药

似乎，蔬菜是所有孩子们的天敌。

不过有一度，我曾经以为，我的儿子克拉也许是脱俗的小孩——他不会像别的孩子那样对蔬菜有着与生俱来的抵触，能够心平气和地接受蔬菜。记得在他七八个月添加辅食时期，他对蔬菜的态度曾是那么友好。那时每次出门，当别的家长羡慕克拉结实的小身板而询问我们怎么喂养孩子时，保姆都

会特别自豪地说："这个小孩子吃的东西，别的孩子还真未必吃——他妈妈用新鲜的番茄汁拌煮菜花，他可以吃掉一大碗。"听得其他家长惊叹不已。

是的，克拉在辅食时期对任何蔬菜都是友善的！他几乎喜欢所有的蔬菜：用煮烂的西蓝花拌面条、剁碎的白菜叶子蒸蛋羹，还有清水煮白萝卜，或者清蒸茄子，他都吃得很淡定。这也让我一直很自豪：克拉是个健康的孩子，是个不挑食的孩子，是个吃饭省心的孩子。

然而，这一切在他两岁半以后开始改变：当他品尝到更多食物的味道，当他有了自己的饮食偏好后，他开始不喜欢蔬菜了，甚至开始抵制蔬菜——最开始，他不再那么津津有味地吃蔬菜了；然后是要我们哄着才能吃一些蔬菜；再后来，他每次吃蔬菜，都得让我们费一番脑筋。于是，我也和所有妈妈一样，陷入如何让孩子吃蔬菜的思索之中。

对很多妈妈来说，每次让孩子吃蔬菜，都好像一次斗智斗勇的战斗。

所以，妈妈们经常会交流如何让孩子多吃些蔬菜的经验。在网上，你也可以搜索到很多如何让孩子吃蔬菜的烹饪办法。当然，身为一个妈妈，我自己也有一些让克拉多吃蔬菜的小窍门，并会洋洋得意地写在博客上和大家分享。而我发现，尽管五花八门，几乎所有妈妈让孩子吃蔬菜的窍门的核心总归不过一点——将蔬菜搞得细碎得没有形状，味道也被破坏得难以辨认，再把这些蔬菜藏在肉丸子、鸡蛋饼、饺子等等之中，让孩子在糊里糊涂中把蔬菜吃掉了。

当我发现这个规律之后，顿时觉得有些垂头丧气：偶尔以这样的方式吃蔬菜是一种新鲜，但如果顿顿都这样吃蔬菜简直和喂药无异，并不是什么值得自豪的高招啊！这样形味皆破碎、让蔬菜面目全非的烹饪，会让孩子愈发感受不到蔬菜的美好，这是童年味蕾记忆的一份缺失，也是对蔬菜的伤害呀。

吃蔬菜，又不是吃药！让小朋友抱着愉快的心情去吃蔬菜，才是妈妈们最应该做的吧。我的意思是，应该让孩子明明白白地吃掉蔬菜，品尝出蔬菜原来也有曼妙的滋味。就好像用"大力水手"吃菠菜的故事而让小朋友自觉吃菠菜一样，这样，蔬菜中的营养才能被小朋友的身体更好地吸收。

　　不过，可惜我编不出"大力水手"的故事来鼓动儿子克拉积极地吃蔬菜。但是，多用一点心，总可以找到打开孩子味蕾的那道小锁——比如用他最喜欢的味道来烹饪蔬菜，或者用他们喜欢的形式来料理，让孩子们坐在餐桌上就像大人那样，气定神闲地夹起一筷子卷心菜放入嘴中，然后告诉你说："妈妈，我喜欢吃糖醋卷心菜，不要再用培根炒了。"

烹饪蔬菜的法则：

★ 保持蔬菜原本的形状和味道烹饪蔬菜是最重要的原则，让孩子知道自己吃的是什么，是对孩子的公平，也是对蔬菜的公平。

★ 不同的蔬菜可以用孩子喜欢的相同的调料来烹饪，比如大部分孩子喜欢酸甜的咕咾汁，那就可以用咕咾汁做咕咾鸡块，也可以做咕咾豆腐、咕咾菜花、咕咾彩椒等。

★ 把蔬菜和孩子喜欢的某类食材一起烹饪也许可以让孩子更接受蔬菜，比如可以把莴笋和孩子喜欢的虾仁炒在一起。

★ 当然，对于孩子实在不喜欢的一些蔬菜，尤其是绿叶菜，可以用剁碎混入肉馅里做丸子，或者拌入面糊里做鸡蛋饼的办法，不过不宜经常使用。

★ 让孩子参与到烹饪的过程里，也会激发孩子吃蔬菜的热情——"你难道不想吃掉你自己亲手剥的豆子吗？" "这可是你从菜市场买回的小白菜哦。"当孩子听到这样的话时，多半会接受吃蔬菜的要求。

蔬菜也好吃的烹饪方法

＊蔬菜沙拉

记得小时候最爱吃的菜就是沙拉了，味道清清爽爽的，但是滋味却很浓郁。爸爸妈妈也喜欢给我沙拉吃，因为一道沙拉可以随心放很多食材，这样一大碗有土豆、鸡蛋、黄瓜、苹果、豌豆和火腿的沙拉，在夏天甚至就可以当作一餐了。而那时候，我以为沙拉也只有用蛋黄酱拌土豆块这一种。后来长大了才发现，原来沙拉是如此绚烂多彩。于是我越发地成了一个"沙拉"控，也喜欢给儿子变着花样做沙拉。

鲜芒时蔬鲜虾沙拉（适合2岁以上）

虾和芒果是很多孩子的最爱，也是很适合夏天的开胃食材。在他们最爱的食材里不露声色地加一些西蓝花、莴笋等蔬菜拌在一起，可以让小朋友快乐地吃下很多蔬菜哦。

大拌菜（适合18个月以上）

　　大拌菜其实就是中国式沙拉，用其中一两样小朋友最喜欢的食材，再加一些他们并不太感兴趣的蔬菜拌在一起，小朋友会更关注这道菜中有自己喜欢的食材，便不再排斥去吃其他那些自己不是很爱吃的食材。当然，孩子小的时候，拌菜里的食材种类可以少一些，也要用焯熟的菜来拌；而年龄大一些，可以加一些新鲜的生菜，还可以让酱汁的味道更浓郁一点。

原　料

芒果1个，虾10只，西蓝花1/4朵，莴笋1/4根，酒1勺，姜2片，葱白1段，酸奶2勺，蛋黄酱2勺

步　骤

❶　锅中接一些水，加1勺酒、2片姜和1段葱白，以大火煮开后，放入虾，煮到虾变红色后即捞出，并迅速过凉水，保持虾肉脆嫩的口感。

❷　煮好的虾去虾线，并改刀成合适大小。芒果去皮切丁，莴笋去皮切丁，西蓝花择成小朵。

❸　锅中倒足量清水，烧开后，放入莴笋丁煮断生后捞出。再放入西蓝花烫熟。

❹　蛋黄酱和原味酸奶按照1：1的比例拌匀。

❺　把虾、芒果、莴笋、西蓝花放入大碗中，淋入调好的酱拌匀。

原　料

莴笋，胡萝卜，菠菜，木耳，蟹味菇，粉丝，虾仁，鸡蛋，芝麻酱，生抽酱油，糖，醋

步　骤

❶　莴笋、胡萝卜去皮切丝，木耳泡发、粉丝泡软后洗净，菠菜、蟹味菇洗净，虾仁去掉虾线后以少许料酒、白胡椒略腌15分钟，鸡蛋打成蛋液。

❷　煮开一锅水，先将莴笋丝、胡萝卜丝焯至合适软硬捞出；再放入木耳、蟹味菇煮2分钟捞出，沥水后把木耳切丝；继续把水烧开，分别放入粉丝、菠菜，均略烫一下捞出沥水，并分别切成合适长短的段；最后把虾仁放入开水里烫变色后捞出沥水。

❸　平底锅涂少许油，油温后倒入鸡蛋液，轻轻晃动锅，使蛋液成圆饼状，摊成圆形蛋皮，然后盛出切丝。

❹　芝麻酱、生抽酱油、糖和醋混合均匀，可加少许水，调成味汁。

❺　把所有材料放入大碗中，拌入调味汁即可。

＊浓味烩菜

其实我小时候也不喜欢吃蔬菜，因为蔬菜的烹饪多半没有什么味道。人在年轻气盛、精力旺盛时多半喜欢滋味浓郁又够刺激的食物，等到年岁大了，才开始喜欢清粥小菜的清淡。所以用大人喜欢的清淡口味烹饪青菜，小朋友多半是不乐意享用的，那么就用他们喜欢的味道烹饪蔬菜吧，或许就合他们的胃口了——当然，浓郁的滋味并不是说要多用刺激味道的调料。利用食材本身的滋味调味，会更恰当。

奶汁西蓝花
（适合 12 个月以上）

这是一道非常有"伸缩性"的菜，根据孩子的年龄和不同喜好进行一些调整，就可以让这道菜适合从一岁到十几岁的孩子，甚至大人也会觉得好吃。孩子较小时，要把西蓝花煮软些，用容易消化的煮鸡肉丸子来搭配烹饪，还可以不加奶油酱而直接以牛奶煮西蓝花；年龄大些，则可以把西蓝花煮得硬一些，还可以加入玉米、笋、蘑菇等；当然还可以用牛肉丸子来搭配烹饪这道菜，或者用菜花、坨子甘蓝等代替西蓝花；对于不喜欢奶汁的孩子来说，也可以用意大利番茄面酱汁来做。这道菜不仅可以拌饭，还能拌面，可以满足不同需要的孩子。

原料 ----------------------------------

西蓝花，熟丸子，淡奶油，面粉，黄油，鸡汤，盐

步 骤 ----------------------------------

❶ 西蓝花洗净，择成小朵；把淡奶油和牛奶混合均匀备用。

❷ 将黄油放入锅中，以小火加热成液体状后倒入面粉，继续以小火加热，并用铲子不断慢慢翻炒，使油、面混合，并炒出浓郁的香味。

❸ 黄油面糊略微降温后，把牛奶、鲜奶油混合液慢慢倒入，一边倒一边搅拌，以免面粉结块，煮成黏稠的奶油面酱。

❹ 倒入鸡汤稀释奶油面酱，并把事先炸熟的丸子倒入锅中，以小火慢炖约10分钟入味，或至汤汁稍黏稠。

❺ 把西蓝花倒入，调入盐，转大火煮2分钟左右，或至汤汁黏稠地包裹住丸子和西蓝花即可。

特别说明:

奶油面酱制作比较麻烦，但是用处很多，既可以做汤，也可以做奶汁菜肴时使用。所以一次可以多做一些，存入冰块盒或者保鲜盒内冷冻保存，每次烹饪时按需取出使用。

普罗旺斯炖菜 （适合 10 个月以上）

番茄是最健康的调味品，用番茄做浓汁烩蔬菜多半是小朋友喜欢的味道呢。

原 料 ----------------------------------

番茄2个，洋葱1/3个，茄子1/2只，西葫芦1/2只，红彩椒1/2只，大蒜2瓣，百里香（或以芹菜叶代替）1小把，盐酌量

步 骤 ----------------------------------

❶ 番茄去皮切麻将牌大小块，茄子、西葫芦、彩椒都切大小一样的丁，洋葱切碎，蒜瓣拍成蒜粒。

❷ 煮锅中倒入适量橄榄油，放入蒜和洋葱，小火炒出香味。

❸ 倒入茄子、西葫芦、彩椒丁翻炒。

❹ 蔬菜炒出汤汁后，加入番茄小火慢炒，把番茄的汁炒出。

❺ 盖上锅盖小火焖约10～15分钟，使番茄汁黏稠。

❻ 加适量盐调味，大火略收汁，出锅前撒一点切碎的百里香或芹菜叶。

特别说明:

给1岁半以下的小朋友烹饪这道菜时，可以延长烹饪时间，使蔬菜更软烂，同时应该把蔬菜的皮去掉，以方便咀嚼，并无需加盐。

*特色蔬菜料理

　　蔬菜除了可以凉拌、清炒、烩炖，还有很多新鲜的做法，比如酥烤。我特别喜欢把面包糠和奶酪粉混合后撒在蔬菜上烘烤，软软的蔬菜、香酥的脆皮，特别好吃。个人创意有限，外出吃饭的时候，我特别喜欢仔细研究菜单，时常能从中发现新鲜的烹饪方法。

萝卜素丸子
（适合 1 岁以上）

　　其实，除了肉可以做丸子，素菜一样也可以做丸子呢。尤其是白萝卜丸子，味道居然算是不同凡响呢，连很多不喜欢吃萝卜的人都会热爱外酥里脆的萝卜丸子。

酥烤什锦蔬菜 （适合8个月以上）

烤箱除了可以做蛋糕、烤鸡翅，其实用来烤蔬菜也别有风味。酥烤什锦蔬菜是我特别喜欢的一种蔬菜烹饪方法，做起来很简单，但是别有风味。

原　料（可做10小个左右）
....

白萝卜1根（约450克），面粉150克，香菜1小把，小葱几根，盐2茶匙，五香粉2茶匙

步　骤
....

❶ 白萝卜去皮擦细丝，香菜切末，小葱切末。

❷ 白萝卜丝放入大碗中，撒1茶匙盐抓匀，腌20分钟后轻攥干水。

❸ 攥干水后，将香菜末、小葱末、面粉、盐、五香粉倒入盛白萝卜丝的大碗中搅拌均匀，捏成一个个小丸子球。

❹ 锅中倒入足量油，油大约六成热时，将丸子一个个滑入油中，以中小火炸至金黄色即可。

原　料
....

菜花1/4颗，紫薯1个，小南瓜1/2个，芦笋8根，胡萝卜1根，黄油，五香粉，盐

步　骤
....

❶ 蔬菜洗净沥水后，菜花择成小朵，紫薯、南瓜、胡萝卜都去皮切成块或者角状，芦笋刮去老皮、切段。

❷ 黄油融化成液体，根据个人口味加少许黑胡椒粉或五香粉、盐调匀（1岁以下宝宝不加调味，大些的宝宝如果不喜欢，也可以不加任何调料）。

❸ 将黄油倒入蔬菜里搅拌匀，让所有蔬菜都均匀地裹上黄油。

❹ 烤箱预热到180度，烤盘铺上锡纸防粘连，先把除芦笋之外的所有蔬菜倒在烤盘上，并平铺开，然后放入烤箱烘烤约20分钟。

❺ 取出蔬菜烤盘，放入也蘸裹了黄油的芦笋，再在所有蔬菜上撒上面包糠，放回烤箱继续烤20分钟，或至蔬菜烤软到合适程度即可。取出后趁着蔬菜香酥及时享用。

特别说明：

几乎所有的蔬菜都可以用酥烤的办法烹饪，简单又好吃。但考虑到小朋友的口味以及牙齿发育和大人不一样，可以专门挑一些适合孩子的蔬菜放在烤盘一角，取出大人的烤蔬菜后，再延长一点烘烤时间，以更柔软。

6. 向洋快餐学习

洋快餐的家庭模仿秀

- 豆腐莲藕汉堡包
- 老北京蔬菜鸡肉卷
- 菠菜蘑菇比萨
- 牛奶草莓冰
- 柠檬苹果汽水

　　孩子爱吃洋快餐的理由正好可以启发家长做饭的思路：向洋快餐学习，把洋快餐吸引孩子的那些因素用在自家的烹饪中，但是从食材、烹饪形式上又进行更为健康的改良，还会愁孩子不好好吃饭吗？

向洋快餐学习

　　我相信，几乎所有的父母都会达成共识：那些有名的连锁洋快餐提供的绝不是营养健康的食物。但是，在任何一家洋快餐店内，你又都可以看到和父母一起津津有味吃着洋快餐的孩子。

　　在我没有小孩之前，每次在洋快餐店看着和父母一起吃洋快餐的孩子，我都会在心里义愤填膺地责备这些父母怎么对孩子的健康如此不负责任，并会暗下决心："等我有了孩子，绝对不会带他来这样的地方吃东西！"

　　然而，当我真的有了孩子后，却也有过和儿子克拉一起坐在洋快餐店吃饭的经历——虽然只是偶尔，但每次和克拉一起愉快地分享这些高热量的食物时，我都会在心里偷笑，想着说不准身旁坐的女孩也如当年的我一样，心里正责备我这个妈妈当得不称职呢。

　　我这才明白，每个带着孩子进快餐店的父母都有其原因——可能真的是赶不及回家烹制一顿健康营养的住家饭，选择洋快餐是因为这里的食品卫生相对更让人放心，也很快捷，当然味道也还算不赖。尤其对孩子来说，与自家饭口味完全不一样的洋快餐对他们很有吸引力，于是汉堡包、炸鸡、奶昔、薯条……从此就成了孩子味蕾里的一个美好的惦记。

　　虽然在很多营养学家看来，让孩子吃洋快餐无异于是给他们的胃塞进了一堆"垃圾"。不过我倒觉得没有那么严重——能让你觉得还算好吃的食物，怎么能叫"垃圾"呢？况且，对各种不同口味的接纳，其实也是一种包容。当然，如果家长经常给孩子吃这样的食物，那就不太明智了，毕竟洋快餐的营养不够全面，而且热量过高。

　　但是孩子不懂什么营养，也不知道卡路里对他们的身体意味着什么，有的孩子就是迷恋各种洋快餐到不喜欢吃自家饭的地步。这很是让家长暴跳如雷，又束手无策。

　　不过我倒觉得，孩子爱吃洋快餐的理由正好可以启发家长做饭的思路：向洋快餐学习，把洋快餐吸引孩子的那些因素用在自家的烹饪中，但是从食材、烹饪形式上又进行更为健康的改良，还会愁孩子不好好吃饭吗？

　　小孩子喜欢洋快餐的最重要原因就是新鲜感，那里的食物与自家饭菜有着完全不一样的形式和口感：家里的丸子是红烧的，而快餐店的丸子则是煎过之后夹在面包里的；妈妈只会做肉馅饼，而快餐店可以吃到馅在外面、还铺满了奶酪的比萨饼……这些都让孩子着迷。所以我在家里有时也会用这样的形式给孩子做饭，儿子隔段日子就能吃到汉堡包、比萨、意大利面，或者奶昔什么的。当然，我会制作得更为精细又健康。比如我家的汉堡包里的丸子，多半会用 1/3 肉、1/3 豆腐和 1/3 蔬菜制作，变换着鸡肉、牛肉，且调味也清淡、简单；我还会自己做奶昔，但会用鲜奶或酸奶来搭配新鲜水果，没有那么高糖、高热量；而儿子最喜欢的比萨饼，我永远会做成素的蔬菜比萨。这样的"篡改"一点也挡不住孩子的胃口，看着儿子大口吃着菠菜比萨，颇让我有几分小得意。

当然，洋快餐的各种营销手段也是让孩子流连忘返的原因，尤其每隔一段时间就推出一种小玩具，这对孩子很有诱惑力："妈妈，我们班上的童童有一套卡通兔子，我们去吃汉堡包的话，就可以得到。"好吧，向洋快餐学习，这样的手段我也照搬到了家里——我对儿子说："小伙子，每顿饭如果吃完规定量的绿叶蔬菜，你可以得到 1 个小贴贴哦，6 个小贴贴就可以换一包鸽子食，周末就能够去公园喂鸽子啦！"当然，你也可以设计适合自己孩子的小奖励，比如看 5 分钟电视，兑换一次碰碰车游戏券等。

而我心里还有另一层考虑：在家里，用一些真材实料，认真地做出好吃的汉堡包给孩子，等到他长大以后，便不会有他背着我和小伙伴进快餐店吃那些高热食品的担忧——我相信，从小被认真喂养的孩子，当他举起快餐店的汉堡包咬下第一口的时候，一定会摇着头叹气说："还是回家吃我妈妈做的饭去吧。"

洋快餐的家庭模仿秀

我觉得，当不得已要在外就餐时，相对于中式小馆，知名连锁品牌的洋快餐反而更让人放心些，食品卫生、食材选用等都有一定保障，要比路边摊更可靠一些。不过这些洋快餐对孩子身体来说最大的问题是营养比较单一，而且食物热量高，尤其是甜品、饮料都含糖太多，这是最大的弊端。所以家制洋快餐就要进行更为健康的改造，增加蔬菜、减少糖分，这样的家制快餐其实也适合全家老幼。

豆腐莲藕汉堡包 ——做成像麦当劳一样的汉堡包

以北豆腐加入莲藕泥、少许肉末，并以蚝油调味，揉捏成肉饼状，煎成豆腐肉饼，配以生菜叶、番茄片、奶酪片，夹入面包中，做成热量低、味道好、营养全的汉堡包，也是适合全家的大餐。一次可以多做一些豆腐肉饼，煎熟前即冷冻起来，吃时取出，无需解冻直接煎熟，或者放入预热180度的烤箱里烤约20～30分钟也可以。

原 料

北豆腐半块（约100克），莲藕1/2节（约100克），面包糠50克，猪肉末50克，小葱2根，香芹2根，蚝油2勺，料酒1勺，香油1勺，五香粉1茶匙，蛋黄酱1勺，生菜叶少许，番茄1个，车达奶酪4片，汉堡面包4个

步 骤

❶ 北豆腐用手轻按压出多余水分后，按压成豆腐泥；莲藕用擦子擦成碎末；小葱切末；香芹连着菜叶切成细末。

❷ 猪肉馅中加入蚝油、料酒、五香粉搅拌均匀，并上劲。豆腐泥再滗一滗水倒入肉末中，并加入莲藕末、小葱末、香芹碎和面包糠搅拌均匀，最后倒入香油。

❸ 双手蘸一点水，抓一小团馅料轻揉成团，再轻压成圆饼状。

❹ 平底锅倒少许油，油温后放入豆腐莲藕肉饼，待一面煎得金黄并成型后，轻翻过来煎另外一面。

❺ 煎好的豆腐莲藕肉饼备用；另准备一些洗干净的生菜叶、番茄切片。

❻ 汉堡面包从中剖开，在其中一半面包上抹少许蛋黄酱，铺一些生菜叶，放上豆腐莲藕肉饼，再把番茄片和奶酪片放在上面，盖上另外一半面包即可。如果放入烤箱略加热吃，味道更好。

老北京蔬菜鸡肉卷——做成像 KFC 的老北京鸡肉卷

　　以菠菜汁和面，摊成面饼；鸡胸肉腌入味后裹面包糠煎炸，配以生菜叶和各种蔬菜丝，一起卷入饼中，口感清脆，而且滋味丰富，营养也更均衡。每次可以多做一些菠菜面饼，烘好后冷冻起来，吃的时候再蒸一蒸就可以，还能随心卷入任何喜欢的食物。而鸡胸肉在蘸完面包糠后也可以迅速冷冻起来，每次吃的时候小火煎熟即可，非常方便。

原　料

菠菜100克，面粉100克，鸡胸肉1块（约150克），面包糠50克，鸡蛋1个，黄瓜1/2条，心里美萝卜1/4个，生菜叶适量，盐1茶匙，胡椒粉1茶匙，料酒1勺，干淀粉2勺，甜面酱适量

步　骤

❶ 菠菜洗干净，放入搅拌机中，加少许水，搅拌成菠菜汁。

❷ 将菠菜汁以小火加热烧开。

❸ 趁热取大约60克菠菜汁缓缓倒入面粉中，一边倒一边搅拌面粉，使面粉与菠菜汁完全融合。

❹ 面粉不烫手后，即用手揉面团，揉至光滑，盖上保鲜膜或者湿毛巾，静置约30分钟。

❺ 面醒好后，轻擀成长条，然后分割成一个个鸡蛋大小的面剂子。

❻ 将面剂子都揉圆，并用手按扁。

❼ 在每个圆面饼上都均匀地刷少许油。

❽ 然后取两个圆面饼，有油的一面对着合起。

❾ 再用手按压一下，然后用擀面杖擀成一张薄厚均匀的较圆的饼（直径约15cm、厚约1.5cm）。

❿ 饼铛或平底锅不抹油加热，放入面饼，以小火烘，看饼略微鼓起，翻过来再烘另一面，也鼓起后即可。每张饼约烘3~4分钟，吃时轻轻揭开即为两张。

⓫ 黄瓜切丝，心里美萝卜切丝，生菜洗净备用。

⓬ 鸡胸肉用刀背拍松，撒少许盐、胡椒粉和料酒拌匀，腌30分钟或更长；鸡蛋打散备用。

⓭ 将腌好的鸡肉轻拍少许淀粉后，放入蛋液中蘸一下。

⓮ 然后再把面包糠撒在鸡肉两面，并轻拍瓷实。

⓯ 平底锅倒少许油，油温后，放入鸡肉，以小火煎，一面金黄后，翻过来煎另外一面，用筷子可以轻松扎透鸡肉即可。

⓰ 煎好的鸡肉切成细条。

⓱ 取一张面饼平放在盘中，铺一片生菜叶，再放入萝卜丝、黄瓜丝和鸡肉条。

⓲ 抹少许甜面酱后卷起饼即可。

菠菜蘑菇比萨——做成像必胜客一样的比萨

　　菠菜、蘑菇以橄榄油、蒜片炒香、炒软；比萨面饼涂少许番茄酱，放上菠菜蘑菇，撒上奶酪，放入烤箱烤至奶酪变软。这样的比萨其实就是菠菜、蘑菇配奶酪和面饼，营养构成非常合理，但是若以一盘蘑菇炒青菜的形式放在桌上，小朋友多半不买账。相同的食材，做成比萨从形式上就讨人喜欢了，而味道也因为有了奶酪而增色太多。其实，这也是我的一个小招数：对于热爱奶酪的孩子，任何蔬菜只要撒少许奶酪丝放入烤箱烘烤，小朋友就会很有胃口了。

原　料

高筋面粉250克，酵母粉4克，糖10克，盐2茶匙（和面用1茶匙，炒菠菜用1茶匙），温水（约40度）125毫升左右，黄油20克，菠菜150克，大蒜1/2头，口蘑50克，番茄酱2勺，马苏里拉奶酪100克，胡椒粉1茶匙

步　骤

❶　将温水倒入杯中，加入糖和酵母粉，静置几分钟。

❷　面粉倒入盆中，倒入盐和放了酵母粉的水，边倒边搅拌，揉成面团。

❸　加入黄油后继续揉面，直至面团光滑、不黏手。

❹　在面盆上盖上湿毛巾，放在温暖的地方发酵一个小时左右，将面团发至2.5倍大小。用手轻按面团，会出现一个小坑并很快回弹。

❺　菠菜切段，蒜切片，蘑菇切片，奶酪擦丝。

❻　取一只锅，倒一些油，以小火加热，放入蒜片炒香。

❼　倒入蘑菇炒软后，放入菠菜也炒软，并加入少许盐和胡椒粉调味后盛出。

❽　发酵好的面团分成2份，每份都揉成圆球，并擀成中间薄、边缘略厚的圆饼。

❾　把圆饼放入烤盘中，抹少许番茄酱。

❿　把炒好的菠菜沥去汤汁，平铺在面饼上，再撒上奶酪丝，放入已经预热到250度的烤箱里，搁在底层，烤约8~10分钟。

牛奶草莓冰——做成像肯德基一样的草莓圣代

　　草莓切大块，加少许柠檬汁、一些砂糖，慢慢煮软至黏稠；牛奶放入冰块盒内冻成冰块。将牛奶冰块搅碎，淋上煮好放凉的草莓，就是低热量的草莓圣代。也可用酸奶来制作，味道也特别好。

原　料

牛奶250毫升，草莓150克，砂糖70克，柠檬汁少许

步　骤

❶ 牛奶倒入冰块盒里，冻成冰块。

❷ 草莓对切为二，撒上砂糖和柠檬汁腌约1个小时或至出汤。

❸ 将草莓连着汤汁一起倒入小锅里，以大火煮，需不时搅拌下，并尽量保持草莓形状，煮至黏稠即可。

❹ 草莓放凉；牛奶冰块取出放入搅拌机中，以碎冰程序搅拌成冰泥。

❺ 牛奶冰泥倒入杯中，淋一些草莓酱即可。

柠檬苹果汽水 ——自己调兑鲜果汁的饮料

　　自己用鲜的果汁勾兑汽水当然要比快餐店里的碳酸饮料健康，不过即使如此，也不宜常给小朋友喝，在周末或者聚会的时候，才可以偶尔喝一些。

原　料

新鲜柠檬2个，白糖25克（或更少），苏打水1罐（345毫升），苹果汁1盒（约350毫升），苹果1/2个，薄荷叶1把

步　骤

❶ 柠檬榨汁后，去掉籽倒入小锅中，加入白糖，煮化即可，然后晾凉。

❷ 取一个大水扎，倒入苹果汁、柠檬汁，放入洗干净的薄荷叶，再切一点苹果丁放入，最后加入冰块和苏打水，便是非常非常好喝、清凉又看着很可爱的自制柠檬苹果汽水了。

厨房，让妈妈做主——不能发胖的童年

在厨房里做主的该是妈妈，而大可不用太宠爱小朋友的胃口：妈妈做什么，孩子就吃什么吧。要坚持"家长的厨房权威地位论"，不用同情小朋友不能享受那些虽美味但不够健康的美食，等他们长大以后，像我们大人这样肆意的日子还多着呢，而现在他们正是长身体、形成一生习惯的关键期，自然要约束好。

7. 厨房，让妈妈做主

健康肉食料理

🥣 调味压轴：西葫芦焖鸡块，蔬菜烧排骨
🥣 小块吃肉：菠菜肉丸，番茄洋葱炒鸡脯
🥣 清淡调味：清卤牛腱肉，鲜菌丝瓜煮鱼

不用讨好小朋友的胃口，你会怎么烹饪就怎么烹饪，只要烹饪方式健康就好，只要小朋友能吃动就好。因为我总觉得，无论是谈恋爱还是养孩子，越讨好其实越难搞定。况且，大部分的讨好只会骄纵孩子形成不健康的饮食偏好——小朋友喜欢的口味有几样是够健康的呢？

厨房，让妈妈做主

常有朋友会为给孩子做饭的事儿问我："我家宝贝不爱吃鸡肉，怎么烹饪才能让小朋友爱吃啊？"或者是："我家小朋友喜欢吃糖醋小排，怎么做呢？"

我每次的回答估计都会让朋友意外："不用讨好小朋友的胃口，你会怎么烹饪就怎么烹饪，只要烹

081 **第3章** / 厨房，让妈妈做主——不能发胖的童年

饪方式健康就好，只要小朋友能吃动就好。"

因为我总觉得，无论是谈恋爱还是养孩子，越讨好其实越难搞定。况且，大部分的讨好只会骄纵孩子形成不健康的饮食偏好——小朋友喜欢的口味有几样是够健康的呢？无非是够甜、够酥。为着让小朋友吃肉，而依着他们的口味做成糖醋焦溜肉片或者香炸鸡腿、红烧肉，我倒觉得这口肉不吃也罢，借这种高糖、高油方式汲取的营养，远不能抵消不健康烹调带来的副作用。

因此，虽然我喜欢做饭，也会为孩子的一日三餐花很多心思，但是我的精力却更多放在变换花样用新鲜的食材、尝试不同的烹饪方式、改良一些菜的做法使其更健康营养上，而不会琢磨着如何设计让儿子克拉更爱吃的每日菜谱。

我以为，健康的烹饪方式，可要比讨好孩子的胃口更重要。所以，我可不会为了让儿子克拉吃排骨而专门做他最爱吃的糖醋排骨，我觉得炖一锅萝卜排骨更适宜小孩子，即使儿子不爱吃，那就随他这次不吃，不过因为他这次没有吃饭，那当天的水果、酸奶、零食也就都不能吃。而等下次又该吃排骨时，我仍然会给他做清炖排骨，不过也许换个清炖冬瓜排骨的小花样，当然也仍然会随他爱吃不吃。

如此坚持几次，小孩子自然会接受并慢慢习惯你的烹饪方式，最后也就乐意享用这种更为健康的方式烹饪出的食物。否则，习惯了你每天用蜜汁烤翅、酥炸鱼块、糖醋里脊哄着喂养的小朋友，必然会日益难以对付。

所以，在厨房里做主的该是妈妈，而大可不用太宠爱小朋友的胃口：妈妈做什么，孩子就吃什么吧。

有次跟朋友聊起我这个"厨房的家长权威地位论"，朋友大叹："你好专横啊，好同情克拉不能享受那些虽不够健康但美味的美食，生活少了很多乐趣啊。"

　　哈哈，怎么会呢——反观我们，我们大人自己的饮食有多么不健康，想吃啥就吃啥，等克拉长大以后，像我们这样肆意的日子还多着呢，而现在正是他长身体、形成一生习惯的关键期，自然要约束好。

　　而且，也不是说我就绝不肯给克拉做他最爱吃的糖醋排骨。当他能按着要求完成学习、做到日常规范良好时，作为一段时间的小奖励，我也会在周末的时候偶尔做一次糖醋排骨或者他最喜欢却不够健康的菜。

　　我想，这一盘饭菜可能最对他的胃口。

健康烹饪 Tips：

★ 定好一周的菜谱再去菜市场有针对性地买菜，不会太过随意地不讲究食材的配比，这样比较容易做到科学合理地搭配营养，而且也能使食材保持新鲜。

★ 做每道菜前都想想这道菜是否适合孩子，一般来说，孩子能吃的饭菜都是最讲究营养、卡路里又不会太高的。

★ 清炖和清蒸的菜不仅能最大限度地保留营养，也因为少用了很多调料而热量更低，当然也是老幼皆宜的烹饪方式。记住，食物用的调料越少、烹饪的时间越短，就意味着热量相对会越低。

★ 对于小婴儿来说，鼓励他们自己手抓进餐要比喂他们吃更容易控制恰当的食量；而对于大人和稍大点的孩子来说，先把每样想吃的菜都夹到盘子里再吃，这样心明眼亮自己到底吃了多少，容易控制最合适的食量。

健康肉食料理

＊调味压轴

很多小朋友喜欢吃各种红烧肉，不过红烧肉的传统做法多油、多盐、多糖，不够健康，可以用"宝贝炖肉法"给他做他最爱吃的红烧排骨：先清炖，最后调汁勾芡，让调料只沾裹在食材表面，而不会渗入食材里面，这样会少用很多调料，并加一些蔬菜一起红烧，就更适合宝宝了。"宝贝炖肉法"的核心其实就是调味压轴，这种烹饪方式可以用来做很多菜式呢。

西葫芦焖鸡块
（适合1岁半以上）

把食物烹饪熟后再倒入调料汁拌匀的办法，不仅适合凉拌菜，干烧菜也一样适用。同样的办法还可以做菜花、豆腐，或者做鱼片、肥牛等。

原　料

鸡腿2只，洋葱1个，西葫芦1／2个，葱1/4根，姜蓉1／2勺，蒜泥1／2勺，豆瓣酱1勺，蚝油1勺，糖1/2勺（可不放），料酒1勺，淀粉水2勺，蛋清液1勺

步　骤

❶　鸡腿去皮、去骨，切麻将牌大小块，倒入淀粉水、蛋清液抓匀，以使肉更鲜嫩。

❷　在密封性好的锅中，如铸铁锅、塔吉锅等，倒入一些油，油温后放入洋葱丝炒软、炒香。

❸　西葫芦切丁后也倒入锅中翻炒。

❹　把鸡肉表面水分擦去后倒入锅中，盖上盖子，先大火烧5分钟后转小火再焖10分钟左右或至鸡肉全熟。

❺　焖鸡肉的时候，把姜蓉、蒜泥、豆瓣酱、蚝油、料酒和糖混合。

❻　等鸡肉熟后，打开锅盖，转大火，淋入混合好的调料到锅中，迅速搅拌均匀并收汁即可。

特别说明：

　　因为西葫芦会出汤水，而且是用密封性好的锅烹任，加之有洋葱垫底，所以不用担心锅煳底。

蔬菜烧排骨（适合1岁半以上）

　　当然，除了要调味压轴，在做小朋友大爱的红烧排骨、红烧肉时，再加些蘑菇、青菜等，就更适合宝宝了。

原　料

排骨，胡萝卜，豆角，姜，酱油，冰糖，耗油

步　骤

❶　胡萝卜去皮、切块；豆角择掉老筋都撅成小段；烧开一锅水，放入排骨煮顷刻捞出，去除血沫。

❷　锅中再倒入冷水，放入姜片、排骨，大火烧开后，转小火炖。

❸　待排骨炖约1小时或八成烂后，把胡萝卜、豆角倒入，继续炖至胡萝卜烂、豆角熟透。

❹　另取一只锅，倒入酱油、蚝油、冰糖、黄酒，并盛少许煮排骨的汤，大火烧至沸腾。

❺　把排骨和胡萝卜、豆角倒入调味汁中，大火收汁，至汤汁黏稠地包裹在排骨上即可；如果糖放得少，汤汁会不够黏，那就用水淀粉勾芡即可。

＊小块吃肉

肉类可以为宝宝的成长提供重要的营养支持，但是任何食物再好，也都要适度，如果每天都给宝宝吃红烧排骨、炖鸡块、清蒸鱼，反而无益宝宝的健康成长。最适合宝宝的吃肉方式其实是"吃小肉，少吃大肉"——也就是说，可以偶尔给宝宝做次红烧肉解个馋，日常则以炒菜肉的方式给宝宝补充蛋白质，基本就满足成长需要了。而且，这种"小炒肉"的方式因为烹饪时间短、口味清淡，会更为健康。

菠菜肉丸
（适合 1 岁以上）

记得我小时候，肉丸子里总是有各种蔬菜，那是因为当时肉限量供应，所以用蔬菜充数。而现在我们做丸子时，也喜欢把一些蔬菜搀入丸子里，则是为了让丸子的口感不那么油腻，也可以让小朋友多吃一些蔬菜。

原 料

猪肉末（肥瘦相间）500克，菠菜150克，干香菇5朵，海米10只，料酒2勺，生抽酱油2勺，盐1茶匙，姜1小块，香油2勺

步 骤

① 菠菜洗净，放入开水中略烫即捞出。

② 香菇用冷水泡发，海米用冷水略浸软。

③ 菠菜切末，香菇切末，海米切末，姜切末。

④ 猪肉末倒入大碗中，加入料酒、生抽酱油顺着一个方向搅拌，并少量添加几次水或者肉汤，一直到肉馅搅拌上劲。

⑤ 将香菇末、海米末、菠菜末、姜末都倒入肉馅中，加入盐调味后，再倒入香油拌匀。

⑥ 平底盘子薄薄抹一层油，或垫一些菜叶以防丸子沾在盘上。

⑦ 将拌好的肉馅攥入手中，轻握拳，从虎口处轻挤出一粒粒肉丸在盘中。

⑧ 放入蒸锅中，中火蒸约15~20分钟，或至丸子熟即可。

番茄洋葱炒鸡脯（适合1岁以上）

总觉得蔬菜炒肉是最有家常口味的典型菜了，重温一下我们儿时的家庭小饭桌：木须肉、白菜肉片、炒三丁。这样的温暖传家菜有菜、有肉，营养多全面啊。让我们少做一些红烧牛肉、烤鸡翅，多做些这样的传统家常菜吧，对宝宝成长会更有益。

原 料

鸡胸肉100克，番茄2个，洋葱1只，蛋清液1勺，淀粉少许，生抽酱油少许

步 骤

① 鸡肉切片，以少许蛋清、淀粉、料酒和生抽酱油抓匀，腌约15分钟备用。

② 洋葱切丝，番茄切片，葱切葱末。

③ 锅里倒少许油，油温后下葱花炒香。

④ 倒入鸡肉片滑炒熟后盛出备用。

⑤ 用锅中底油翻炒洋葱丝，直至把洋葱丝炒得非常软。

⑥ 倒入番茄翻炒。把番茄炒出汁，并继续收汁，让汤汁黏稠些。

⑦ 汤汁黏稠后，把鸡片倒回锅中，略炒收汁即可。如果觉得味道不够浓郁，也可以加少许番茄沙司。

*清淡调味

2岁半以后的宝宝几乎可以和大人吃得一样了。不过，可不能真的就太放松地随他们想吃什么就吃什么，还是应该坚持清淡、适量、营养的原则。所以像红烧肉、烤鸡翅这样虽然好吃，但热量过高的肉菜并不适合孩子，而应该采用清淡、少添加的健康烹饪方式来给孩子做肉菜。

清卤牛腱肉
（适合1岁以上）

少盐、低糖、低油、清淡又酥软的儿童版酱牛肉真的好适合孩子呀。我喜欢每次卤一大块，切成薄片，给大人切些青蒜末和蒜泥、淋上黑醋和一点酱油吃，而孩子就自己拿着一大片啃，都非常满足。

鲜菌丝瓜煮鱼 （适合9个月以上）

鱼、虾等海味，就更要清淡烹饪，才能品尝海鲜之美，何必非要画蛇添足地做那些油炸鱼块、香辣虾呢？这道菜可用鲜鱼烹饪，也可以用少刺又不腥的龙利鱼烹饪。

原　料

牛腱肉1块（约600克），姜1小块，葱1/2根，桂皮1段，豆蔻1勺，草果数个，丁香1／2勺，肉蔻1勺，甘草1/2勺，陈皮1/2杯

步　骤

❶ 牛腱肉切拳头大小块，放入烧沸的水里煮约1～2分钟去血沫。把除葱姜外的所有香料都放入纱布包中，然后放入炖锅里，再放入姜片、葱段、焯过的牛腱肉，倒入冷水没过肉。

❷ 盖上锅盖，大火烧开后转小火炖约3个小时或至肉烂，把牛肉泡在肉汤里自然降温到不烫后夹出，放入带盖的盒中或袋子里，放冰箱冷藏，以方便切薄片。

❸ 牛肉冷藏后可以很容易切成薄片，大人吃时直接淋少许蒜醋汁会很好吃，但是牛肉放冷后对宝宝来说可能有点硬，切好片后再放入锅里蒸几分钟回软就可以了。1岁以下的宝宝还要把牛肉剁成碎末，混入面条或粥里给他吃。

特别说明：

可能前两次卤出的牛肉不太让你满意，但是一定要有耐心，一定要把卤牛肉的汤留好，过滤后冷冻起来，然后每次卤牛肉时都在卤汤里再加水、加香料卤，卤好肉后再留汤。这样卤三、四次后，你的牛肉就开始香喷喷了。而卤个十几次甚至更多后，那简直可以媲美名店的老汤卤肉了。

原　料

少刺的鱼（如鳜鱼、鲈鱼）1条，姜1小块，金针菇、蟹味菇、海鲜菇等各种蘑菇少许，西蓝花或丝瓜100克

步　骤

❶ 去鱼鳞，清理干净内膛；姜切片；蘑菇洗净、沥水；西蓝花择成小朵，洗净（或丝瓜去皮、切薄片）；另备滚开的水一壶。

❷ 锅中倒少许油，下姜片爆香。放入鱼，将鱼的一面煎至金黄时，转大火，将滚开的水迅速倒入锅中，并以大火烧几分钟。

❸ 放入蘑菇，转小火慢炖约40分钟，直至鱼汤浓白。

❹ 放入西蓝花煮至适合宝宝的软硬程度后，即可挑一些无刺的鱼肉和蔬菜、鱼汤盛出给宝宝，然后再在汤里加些盐和白胡椒粉调味给大人喝。

特别说明：

9个月以上、1岁半以内的宝宝可以吃鱼肉、西蓝花，1岁半以上的宝宝的牙齿则可以咀嚼蘑菇和丝瓜。请根据宝宝的年龄配以不同食材。

8. 每天"素晚餐"：每日 5 样全营养

素菜有滋味

🥢 "荤式"素菜：XO 酱蒸粉丝娃娃菜，浓汁萝卜
🥢 西式素菜：豆饼，南瓜蔬菜汤
🥢 营养素菜：豆腐丸子，地三鲜

每天三顿饭中有一顿饭真的可以不烹饪肉食，而是只做两三道素菜，尤其是晚餐。也许"素晚餐"会成为新的饮食潮流吧——这个时代啊，谁会缺肉呢，多吃点素才是正道。

每天"素晚餐"

在英、美的超市购物时，经常会发现一些蔬菜或水果的外包装上有"1 of your 5 a day"的字样。查了一下资料，原来这是缘于二三十年前一些英、美的营养研究组织和营养医生提倡的"5‑a‑day（日食 5 种蔬果）"的建议。

当时，医学界有观点认为，人们如果每天吃种类丰富的蔬菜和水果就可以避免癌症，因此建议每人每天至少要吃 5 种不同的蔬菜和水果，营养医生还推荐了一些营养价值高的蔬菜水果。不过，目前没有数据表明"日食 5 种蔬果"对防癌的有效作用，但这个提法对平衡每日膳食营养的益处得到认可：多种蔬菜的摄取无疑增加了蔬菜进食，也就减少了人们的食肉量，为身体提供更多维生素和食物纤维。特别是，"5-a-day"使没有营养专业知识的普通消费者也能比较容易科学地管理自己的每日饮食结构——只要确保吃足 5 样蔬菜和水果就可以了。因此，近几年一些超市也参与了这一营养计划的积极推广，在营养医生建议的高营养价值蔬菜和水果包装上标出"1 of your 5 a day"，即意味着"如果你今天吃了这包蔬果，就补充了 1/5 的均衡营养"。而人们去超市买足不同的 5 样标有"1 of your 5 a day"的食物吃掉，基本

上就可以达到全面、均衡的营养摄入。

虽然国内还没有超市为我们提供"1 of your 5 a day"的指引，但"日食5种蔬果"的营养建议倒是简单、清晰，让我们自己就能执行，成为自己的日常营养师，并为全家规划合理饮食，尤其是在给孩子烹饪一日三餐时，也不会茫然每天吃什么并总担心孩子的营养不全，除了适量的肉、蛋、奶和变换花样的主食，再给孩子每天吃足5种菜和水果就基本可以达到全面、均衡的营养摄取了。

在实际执行时，更可以细化为每天至少4种蔬菜和1种水果，且每天4种蔬菜要有4种颜色，比如橙的胡萝卜、绿的菠菜、紫的茄子、黑的香菇，每样蔬菜要三天内不重样，而每天的水果也要一周里天天不重样。

所以，科学均衡的膳食并不是一件很复杂的事儿，对吧。

不过，真给孩子实施起来却相当有难度——不少孩子并不买账"5-a-day"的理想营养方案，每天吃四五种蔬菜对他们来说是最无趣的事情。所以让他们好好配合你的均衡营养计划其实才最关键，而这是营养医生也无从建议的难题。

当然，你会从一些育儿书里看到一些指导，给你一些如何让孩子多吃素菜的建议，诸如"和孩子一起烹饪"、"每餐前让孩子自己选择一种他们必须吃的素菜来烹饪"、"带孩子一起去采购"等等。不过以我的经验，这些招数用一两次还有效果，多用几次就全然无用，不喜欢吃蔬菜的孩子依然排斥蔬菜，即使以前他们曾经满怀兴趣地吃过一盘子他们自己选择的扁豆，但"玩"过几次自己定菜单的游戏后，他们就连"玩"也懒得再陪你玩了，依然会把扁豆剩在盘子里一口也不肯再吃。

而这时，你只能强硬地采取"不吃菜就没别的食物可以吃"的办法，才是最管用的——而你尽管可以放心，这种办法虽简单却无害。也许我有点武断，但在我看来，一切挑食的孩子其实都"有法儿治"，归根结底是父母要能宽下心来不怕孩子被饿着，在不吃素菜就没有肉、没有米面、没有甜食、更没有零食可选择的情况下，他总归是会吃素菜的，多吃几次也就默认了这种饮食规则。

我还有一个建议，每天三顿饭中有一顿饭真的可以不烹饪肉食，而是只做两三道素菜，尤其是晚餐。也许"素晚餐"会成为新的饮食潮流吧——这个时代啊，谁会缺肉呢，多吃点素才是正道。

素菜有滋味

＊ "荤式"素菜

越来越多的人食素其实是为了均衡合理的营养结构，与因为信仰而吃素是完全不同的。自然，我们在烹饪时也就不必太过苛刻。为了追求更好的味道，稍微用一点荤菜调味，可以让素菜更有滋味，无论大人、小孩都更乐意品尝。市面销售的 XO 酱、鲍汁、肉燥酱等用来炒蔬菜、豆腐、蘑菇等都非常好吃。不过要注意，购买时要挑选有口碑的品牌，而且少量调味即可，毕竟这些调味的热量高，味道也太过浓郁。

XO 酱蒸粉丝娃娃菜

（适合 2 岁以上）

北方人可能还不太熟悉 XO 酱，这是一种以切成细丝细蓉的干贝、虾米干、火腿等鲜物混合烹制而成的调味料，味道鲜美，用来烹饪娃娃菜、豆腐、萝卜等，最为适合。

原　料
娃娃菜2颗，粉丝1把，XO酱2勺，蚝油1勺，黄酒1勺
步　骤

① 粉丝以冷水泡软。

② 娃娃菜洗干净，剖2刀成4瓣。

③ 黄酒、蚝油混合成调味汁。

④ 煮开一锅水，水沸腾后，放入娃娃菜汆烫一下后捞出。

⑤ 粉丝平铺在盘子里，淋一勺黄酒、蚝油调味汁。

⑥ 再将一勺XO酱洒在粉丝上。

⑦ 把娃娃菜放在粉丝上，把剩下的黄酒、蚝油调味汁淋上，再铺一些XO酱。

⑧ 放在蒸锅里大火蒸，开锅后约蒸15分钟，或至娃娃菜绵软入味。

特别说明：

　　有些品牌的XO酱有辣的，可能不太适合孩子，所以也可以用少许干贝泡软撕细丝，然后拌入蚝油，自制简易XO酱来烹饪这道菜，也很好吃。另外，这道菜加了一点黄酒，不过经过高温后，酒精会挥发，不用担心。

浓汁萝卜

（适合 8 个月以上）

平时红烧排骨、红烧牛肉时，在调味收汁前盛出一些肉汤来，既能迅速收汁，下顿还能以肉汤来煮白萝卜，真是健康又好吃的家常菜。

原 料 _____

白萝卜1根，高汤1~2碗，鲍汁2勺，淀粉2勺，酱油1/2勺

步 骤 _____

❶ 白萝卜去皮，切成约1厘米厚的片。

❷ 白萝卜放入锅中，加入高汤盖过萝卜，倒入鲍汁调味。

❸ 先以大火煮滚烫，再转小火焖煮，一直到萝卜软。

❹ 捞出萝卜盛深盘里。

❺ 大火继续煮汤，同时用淀粉加少许水和酱油调成水淀粉，顺着锅边绕圈倒入锅中，略搅动汤汁，让汤汁黏稠。

❻ 然后把汤汁倒在萝卜上即可。

特别说明：

给1岁以下的小朋友则不适合加鲍汁和酱油，直接用肉汤煮萝卜即可。

※ 西式素菜

　　西餐里有不少素菜味道好、易饱腹，而且有营养，也很健康，比如蔬菜汤、豆子饼等。

豆饼

（适合 1 岁半以上）

　　以鹰嘴豆或蚕豆制作的一种豆饼是中东地区非常著名的小吃，这种豆饼好吃而且健康，受到很多人的推崇，现在已成为欧美国家最为普遍的街头快餐之一。一些知名快餐连锁店多用这种名为 falafel 的豆饼作为素食者菜单，在一些国家的 Burger King（汉堡王）店中销售的素汉堡就是用豆饼来代替牛肉丸的。

原　料

去皮鲜毛豆1杯，去皮鲜蚕豆1杯，面包糠1／2杯，红彩椒1／4个，洋葱1／8个，香菜1棵，香芹1棵，柠檬皮少许，大蒜1瓣，黑胡椒粉1茶匙，小茴香粉1茶匙，盐1茶匙，面粉少许，油适量

酱　料

原味无糖酸奶1／2杯，柠檬汁1茶匙，黄瓜1根，盐1茶匙，薄荷叶（或芹菜叶）少许

步　骤

① 毛豆和蚕豆煮软、沥水。

② 将煮好的毛豆和蚕豆按压成豆泥。

③ 香芹、香菜切碎末。

④ 红彩椒削去外皮，和大蒜、洋葱、黑胡椒粉、盐、小茴香粉放入搅拌机中搅拌成泥糊状。

⑤ 豆子、香芹、香菜和搅拌好的红彩椒泥等混合，拌入面包糠拌匀，并擦些柠檬皮碎拌入。

⑥ 将豆泥搓成小圆饼状，表面轻拍面粉后，放入冰箱冷藏定型1小时。

⑦ 平底锅抹一些油，放入豆饼，两面煎至金黄即可。

⑧ 煎炸好的豆饼配酸奶黄瓜酱最为清爽。需要事先制作浓缩酸奶：取一只筛网架在碗上，垫一块纱布在筛网上，然后倒入酸奶，放入冰箱冷藏几小时，让酸奶的乳清水慢慢析出，然后轻攥纱布，再挤出酸奶里的水分后，将浓缩后的酸奶倒入碗中备用。

⑨ 黄瓜去皮、去芯后擦细丝，抹盐腌30分钟后滗掉水。

⑩ 薄荷叶（或芹菜叶）切碎末，与黄瓜、酸奶混合，淋入柠檬汁即成蘸酱。

特别说明：

这道菜也可以用泡软的鹰嘴豆煮熟后制作，并根据自己的喜好加入不同香料或调味料。也可以用烤箱或者空气炸锅来制作，油脂会更少。豆饼蘸酸奶黄瓜酱后，配蔬菜卷入饼中或者夹入圆面包里成素汉堡吃口味最佳。

南瓜蔬菜汤

（适合 1 岁以上）

西餐的汤与中餐最大的区别是，中餐的汤是用食材煮汤水，讲究汤汤水水的滋润；而西餐的汤其实是用水煮软食物，其实可以当一道简餐，很饱人。我觉得西餐的蔬菜汤特别适合小朋友，尤其是当用电动搅拌棒把蔬菜和汤搅拌成细腻糊状，口感很顺滑，小朋友在无意中可以吃不少蔬菜，又很耐饿，只要控制汤里奶油的用量，热量要比传统的米饭炒菜低不少呢。而我为了让小朋友爱喝，会特别在汤里加些南瓜或者红薯、胡萝卜、番茄这种香甜滋味的食物，这样不仅汤的味道更甜美，汤的黏稠度也增加了，就不用使用奶油面酱了，热量自然也低不少。有好几次晚餐，我家的小孩子喝一碗热乎乎的汤，再配一个小花卷或者面包片，就足够了。

原 料

南瓜 500克，洋葱1/2个，胡萝卜1根，西芹1根，土豆1个，鸡汤1杯，肉桂粉少许（可不用），胡椒粉少许，奶油适量，黄油少许，盐少许。

步 骤

① 南瓜、胡萝卜、土豆、西芹切丁，洋葱切细丝。

② 将黄油放入锅中加热融化，然后放入洋葱炒香、炒软。

③ 放入胡萝卜、芹菜略翻炒。倒入南瓜、土豆后，加入鸡汤（或者水，或浓汤宝＋水），以小火慢慢将各种蔬菜煮软。把搅拌棒探入锅里，将蔬菜搅打成顺滑的糊状——如果是搅拌杯，需要等汤放得不烫后再倒入搅拌杯。

④ 根据口味加入肉桂粉、胡椒粉、盐即可。

⑤ 将汤盛入碗中后，倒入一点奶油，然后用牙签做出拉花装饰。南瓜汤如此喝便是美味了，但是还可以有更多用法——比如做面酱。意大利面煮软后盛入盘中，淋入煮得更浓稠的南瓜汤做面酱，再撒一些煎过的培根碎或者是南瓜子、松仁，真是美味！

＊营养素菜

　　中餐的素菜菜式缤纷丰富，尤其是豆腐在素菜里担当了重要角色，为食素的人补充植物蛋白质，让素菜也可以很有营养。而且，多吃素并不是只吃素，别说一天一餐吃素无关紧要，就是连着两三天少吃肉了，也不是什么大事儿。不用担心小朋友营养跟不上，其实因为食肉太多，现在的孩子反倒缺素才对。

豆腐丸子
（适合 10 个月以上）

　　把豆腐当肉来做丸子，也是挺有意思的做法，让不喜欢吃豆腐的小朋友也会喜欢上它。

地三鲜（适合2岁以上）

传统的东北家常菜地三鲜一下子就用了三种不同类型的蔬菜，而且其中的土豆、茄子也是很多小朋友喜欢的蔬菜。所以吃素的晚餐时，可以选两种他们喜欢的蔬菜再加上一种他们不是很情愿吃的蔬菜烹饪，会更容易让小朋友接受。

原　料

北豆腐1盒，胡萝卜1/4根，香菜1小把，干香菇10朵，蛋清1/2个

步　骤

❶ 豆腐用开水略烫后捞出，用勺子碾碎，并用纱布轻挤出水。

❷ 胡萝卜去皮切末，香菜切末，香菇泡软后切末。

❸ 胡萝卜末、香菜末、香菇末、豆腐泥放在大碗里混合，调入盐搅拌均匀。

❹ 打入半只蛋清后抓匀，双手沾湿后轻轻团成一个个豆腐丸子。

❺ 锅中倒入足量油，中火烧温后，将丸子倒入炸成金黄色捞出即可。

原　料

土豆1个，青椒1个，茄子1个，葱段1截，酱油1勺，糖1／2勺，水淀粉1勺

步　骤

❶ 土豆去皮、切块，青椒去籽切块，茄子切块，葱切末。

❷ 锅中倒一些油，以小火把土豆煎软后盛出备用。

❸ 留些底油在锅中，倒入葱花爆香。

❹ 把茄子倒入锅中炒软。

❺ 再把青椒和之前煎好的土豆倒入锅中略翻炒。

❻ 加入糖和酱油调味，倒入水淀粉勾芡即可。

特别说明：

如果想减少一些油分，可以提前把土豆蒸熟，茄子则可放入微波炉里以高火加热数分钟，使茄子变软，然后再用少许油炒即可。

9. 吃不胖的小甜点：低卡路里的甜品

低卡路里小甜品

🥣 水果甜品：香蕉芝麻冰棒，果丝沙拉

🥣 季节糖水：冬瓜薏米水，百合炖梨

🥣 分享下午茶：银耳莲子羹两吃，迷你冰糖葫芦

我虽然懂得不能苛求孩子十全十美、要求他样样功课都拿第一，却在无意识中太过苛求他遵循完美的生活习惯，以致他缺少了不少生活的乐趣。

吃不胖的小甜点

一直清楚地记得儿子克拉第一次吃到糖时惊讶又兴奋的样子。

那时克拉已经三岁，但从未吃过糖、巧克力之类的零食。春节的时候朋友送了一罐香脆脆的杏仁糖。从来没有吃过糖的克拉好奇又渴望地琢磨那个糖罐，我终于心软，给他掰了一块指甲盖大小的糖。克拉小心地把糖块塞在嘴里，先是因初尝糖味的惊异而下意识用舌头把糖给吐出，但继而就发现这甜美的滋味实在美妙，于是立刻又吞回嘴里，然后转身跳着脚地开心。

我无限感叹地发了一条微博，没有想到竟引发很多妈妈的共鸣。记得有个妈妈回复我："天，你居然才给克拉吃糖？好心疼他。不要太苛求孩子，总该给他尝点生活的甜头。"

其实看着克拉吃糖的样子，我那时也真是又怜爱又自责。我几乎是苛求克拉养成完美的生活习惯，不仅仅是不给吃糖、巧克力，甚至连糖醋排骨、熏鱼也都很少做给他吃，我们家的菜多半都是清蒸、清炖、

清炒。不只在食物上，其他方面我对他的要求也相当高：每天都必须按点上床睡觉，不可以站在床上……我虽然懂得不能苛求孩子十全十美、要求他样样功课都拿第一，却在无意识中太过苛求他遵循完美的生活习惯，即使是为着他好，但下意识也便利了自己——简单化地严格约束孩子总是要省心、省力些，而克拉却真是少了很多小朋友的乐趣。

所以那天之后，我会偶尔给克拉吃一点虽然美好但是却不够健康的食物，一小块蛋糕、一小根冰棍、一碗冰激凌——即使他的体重一直因为遗传基因而略超标，我也不再像之前那样严格，几乎绝情地限制他的饮食，每天会给他吃一点点的小甜品，每周也会做一次油炸或者糖醋的高热量却好味的菜给他，享受他由衷发出的"好味道"的赞叹。

有意思的是，虽然现在克拉每天都可以有一小段幸福的甜点时光，但却是吃不胖的小甜点——他的身高体重指标 BMI 反倒越来越标准了。这是因为我比以前更上心地给他准备餐食，而不只是粗暴地拒绝一切好吃、高热量的食物。除了尽量自制一些放心、低油少糖的小甜品，还要计算每天食物的营养与热量摄入，遵循确保每天基本营养摄入、控制卡路里总量的原则，比如下午放学后可以吃一块小蛋糕，但是晚餐会很清淡，不会再吃糖醋排骨，而是蒸豆腐配凉拌菜，再来半碗饱腹但低热的燕麦粥。做到这一点并不需要太高深的营养知识，买一本《中国居民营养膳食指南》，再下载一个"食物热量表"，就能计算出吃下的每样食物的蛋白质、糖分、维生素等等，知道热量的摄入是不是达标但不超标。同时，我也刻意地加大了他的活动量，多陪他、带他参加体育活动，让他能吃得更多，也消耗得更多。他吃得更开心了，但是体重却更为理想。

而除了快乐的甜点时间，我也开始允许克拉周末的时候可以到想睡觉时再睡觉；如果他愿意，也可以和爸爸妈妈或者照顾他的姐姐一起睡；当他做了值得称赞的事情时，也可以选择在床上跳 10 分钟作为小奖励；和小朋友一起吃派对餐的时候，如果别的小朋友都用手抓鸡翅，克拉也可以用手吃……

每当享受这种小放纵的时候，克拉都会笑得特别响亮，惹得我和丈夫也都觉得特别快乐。这时候我就会想：如果孩子没给我们添点乱、增加点麻烦，那一定是因为我们剥夺了他们的很多乐趣。

低卡路里小甜品

＊水果甜品

　　新鲜水果是最适合小朋友的甜品了，健康、无添加。不过小朋友可能不甘心把一个苹果当作甜品，那么用心加工一下，就可以作为健康的甜品讨好小朋友了，比如自制香蕉冰，或者拌一碗水果沙拉、水果酸奶杯。当然，虽然水果比普通甜品健康又营养，可是因为含糖较高，小朋友也不宜多食，不然就会因为吃太多水果而吃不下正餐啦。而且，也不能用水果替代蔬菜哦。

香蕉芝麻冰棒
（适合 12 个月以上）

　　冻香蕉的滋味真的很奇妙又美味，稍加心思做一根香蕉芝麻冰棍给小朋友，可真是健康又好吃。如果香蕉吃腻了，就试着把榴莲泥倒入冰盒中做成榴莲冰棍，也非常不错。

原 料

香蕉1根，熟芝麻1勺

步 骤

❶ 香蕉去皮切半厘米厚的片，每一片香蕉片上都扎一根牙签。

❷ 芝麻撒在盘中，把香蕉片在芝麻里滚一滚，让香蕉片两面都蘸些芝麻。

❸ 盘上铺烘焙纸，把蘸了芝麻的香蕉片竖着、牙签朝上放入盘中，放冰箱冷冻室冷冻即可。

果丝沙拉（适合2岁以上）

非常漂亮和清甜的一道甜品，而且是纯天然的健康甜品，比起蛋糕、巧克力，更适合孩子。可以当作餐后小甜品，也可以做下午点心，用来做周日的早餐也是气氛十足。

原 料

梨子1/4个，苹果1/4个，柚子1瓣，橙子1/4个，李子1个，桃子或杏1/2个，草莓5只，黄瓜1/4根，熟芝麻1个，柠檬1/3只，蜂蜜1勺，薄荷叶少许

步 骤

❶ 把除橙子、柚子和柠檬之外的所有水果切成又短又细的丝，柚子肉撕碎。

❷ 橙子和柠檬挤汁，拌入水果中。

❸ 淋上蜂蜜、撒上芝麻，把薄荷叶切碎拌入水果中即可。

特别说明：

2岁以下的孩子不适合食用蜂蜜，可以用糖水代替。如果有些小朋友不喜欢薄荷的味道，也可以不加入。

★季节糖水

对于小朋友来说，可能蛋糕、慕斯、冰激凌更像正规的甜品。不过我倒更推崇用一些传统的中式糖水作为甜品，因为传统的中国点心很讲究因季节的变化而采用不同的食材，正好借此和小朋友展开天文、地理、中医、历史的话题，可以天马行空畅聊一气，同时也是对中华传统美食文化的传承。

冬瓜薏米水
（适合9个月以上）

薏米和冬瓜都是很好的消暑食材，用来煮成甜汤，代替市场上那些添加太多糖分的饮料，真是再健康不过了。

百合炖梨 （适合9个月以上）

百合炖梨是秋冬的滋味糖水，天气乍冷时，气候干燥又容易咳嗽，而百合和梨子都可以清肺补水，滋味也好，无论大人和小朋友都会喜欢。

原　料

冬瓜（连皮）150克，薏米30克，冰糖30克（可根据口味适量增减），柠檬1/4个

步　骤

❶ 冬瓜连皮切大块，薏米洗净，柠檬挤出汁备用。

❷ 把冬瓜、薏米、冰糖倒入煮锅中，加水完全没过材料2倍高。大火煮开后，转小火，盖上盖子慢炖60~90分钟或至薏米软。

❸ 盛出薏米冬瓜水，略放凉后滴入柠檬汁，然后放冰箱冷藏，随喝随倒即可。

原　料

雪梨1个，鲜百合1/4个，莲子8~10粒子，冰糖少许

步　骤

❶ 干莲子事先浸泡1晚。

❷ 雪梨切去梨把，拦腰对切，挖去中间的梨核；百合择成小瓣洗净。

❸ 将百合、莲子塞入挖去梨核的梨中，加少许冰糖（如1粒单晶冰糖），放进碗里，入蒸锅或者电炖盅里蒸约1~1.5小时。

❹ 蒸好后冷食、热食均可。

特别说明：

喂宝宝前，请一定将莲子按碎后再喂食。

＊分享下午茶

我们热爱甜品，是因为甜蜜的滋味可以带给我们幸福感。而共享甜品，则是幸福的分享和传递。当一家人团聚在一起，或是朋友相聚的时候，总会惦记着享用一点甜品。小朋友聚会的时候，甜品就更必不可少了。所以身为母亲，总要会做几样别致的家制甜品，这也是家庭社交的重要方式。

银耳莲子羹两吃
（适合 12 个月以上）

银耳莲子是传统的消暑甜品，也可以变着花样做一份银耳莲子果冻似的小点心当餐后甜品，更为正式。

迷你冰糖葫芦（适合2岁以上）

会做冰糖葫芦的妈妈在小朋友眼里一定是特别了不起的！如果哪天你带着一盒子迷你糖葫芦去接小朋友，并分送给他的同学分享，孩子一定会以你为骄傲。当然，大一点的孩子们一起聚会时，你可以带着孩子一起做糖葫芦，有趣又可爱。

原　料

山楂，冰糖，白芝麻

步　骤

❶　将一些山楂洗干净，去核，并在每粒山楂上扎一根牙签，做成迷你糖葫芦串。

❷　取一个不沾的烤盘，或者在案板上包一层锡纸，放入冰箱冷藏降温，使用时取出，在表面均匀地涂一层油备用。

❸　冰糖和水按照1∶1比例倒入锅中，以中火加热，待冰糖完全融化后转小火慢慢熬糖。

❹　一直把糖熬到浅浅的黄色、略黏稠即可蘸糖葫芦了。判断方法是：可以取一根筷子沾一点糖，放入冷水蘸一下，然后尝一下，糖不黏牙而且比较脆就可以了。

❺　把迷你糖葫芦串放入糖浆蘸一下，然后迅速地把糖葫芦从糖中取出，放在板子上一摔再拖下。

❻　趁着糖还没有降温，在糖葫芦表面撒一些芝麻，待糖凝固后即可。

特别说明：

山楂去核的办法：用筷子从山楂中穿过，即可把山楂核推出来。

原　料

去芯莲子20粒，银耳1朵，冰糖适量

步　骤

❶　银耳用冷水泡发后，择去硬的蒂，撕成小朵；莲子冲洗干净。

❷　把银耳、莲子放入锅中，倒足量水没过银耳，中火煮开后转小火慢炖1小时或更长，至银耳黏软。

❸　加入冰糖开小火继续煮，至冰糖融化即可，放凉或者放入冰箱冷藏后食用。

❹　吃不了的银耳莲子羹还可以做成点心。捞出银耳和莲子，放入搅拌杯中搅拌成泥备用。

❺　盛出银耳莲子羹的汤水倒入煮锅中，按照100毫升汤水倒入3克鱼胶粉的比例混合均匀。

❻　把搅拌好的莲子银耳泥也倒入锅中，以小火加热至即将要沸腾的状态即关火。

❼　把煮成粥状的银耳莲子稍晾至不烫手后，倒入果冻模或者其他模具中，放入冰箱凝固。

❽　另取少许冰糖，加一些水，小火煮化成冰糖水，放凉后也放入冰箱冰镇。

❾　待银耳莲子羹凝固后取出，切小块盛入碗中，倒入冰镇冰糖水，如有糖桂花淋上少许，味道更好。

让一生都美好的卡通儿童餐——营造餐桌温情

印象里大人们从没有特别变着花样逗我吃饭，顶多是包饺子时偶尔给我包一个小小的糖馅饺子。因为没有领略过造型儿童餐的美好，所以对于那种把食物摆成可爱造型来提高孩子食欲的办法，我曾经很不屑一顾，反倒觉得是大人的刻意做作。而其实，每个小朋友都喜欢卡通儿童餐，这会成为让他们记忆一生的美好。

10. 让一生都美好的卡通儿童餐

卡通摆盘的小窍门

- 🥣 鸡蛋羹：笑脸鸡蛋羹，绿脸小怪物蛋羹
- 🥣 三明治：小鱼三明治，猪头三明治
- 🥣 卡通面点：猪头包，兔子包，刺猬包
- 🥣 全营养拼盘：积木拼盘，妈妈面盘

　　大概在成年之后，我们都会选择性记忆童年里的美好，却又终会随着我们生养孩子而慢慢复原本来的残缺，并会投影给我们的孩子。所以我想，我应该把自己的缺失弥补给孩子，就好像我的童年又重新来过一次一样，而更重要的是，孩子的美好童年也会映像到他的孩子，这样，一代更比一代幸福。这也是我们的责任。

让一生都美好的卡通儿童餐

　　对于那种把食物摆成可爱造型来提高孩子食欲的办法，我曾经很不屑一顾。我总觉得，每个小朋友都鬼怪精灵地成熟，才不会因为菜花被当作云朵、胡萝卜被切成花朵、黄瓜被拼成恐龙而能对食物有多些包容。而且，由于我家儿子克拉几乎是个不挑食的孩子，所以我也从未尝试过用造型儿童餐来吸引他。

　　不过有次和朋友一起吃饭，我却发现其实小朋友还真吃这套。

　　当我们点的菜上来后，依照我家的"传统"，我盛出一小碗蔬菜沙拉递给克拉，用很温柔却坚定的语气告诉他："要把蔬菜吃掉哦，然后才会有烤香肠，也才可以吃饭后甜点哦。"克拉接过碗，撇撇嘴，叹口气说："其实我最不喜欢吃蔬菜了。"我乐了，拍拍他的头："吃蔬菜才能长高个，才能当司机开车呀。"

　　朋友的孩子就是比较挑食的那种孩子。只见朋友拿了一只小空盘，先从沙拉里夹些生菜叶摆在盘子的下侧，再把面包切出两条，竖摆在生菜叶的上方，又在面包条顶端放了几片生菜叶子，顿时盘子里就

有了绿草、大树的画面。朋友又用沙拉里的黑橄榄当头、半只小番茄当帽子、烤茄子片当身体，摆出了个有点人模样的造型。最后，她还用番茄沙司在盘子上画了个太阳："好了，热带雨林哦！"朋友把盘子放在她的孩子面前。说实话，摆盘真的不算精美，更不逼真，但是逗得孩子直乐，惹得克拉也要求我给他摆一个"热带雨林"。朋友笑着赶紧也帮克拉摆弄出"热带雨林"。然后，我们俩就一边聊天，一边午餐，而两个小人儿则自言自语地边讲故事、边就把这盘还显得有些笨拙的"创意儿童餐"给吃光了。

我看着克拉开心的样子感叹："哟，小孩子还真吃这套呀！"朋友乐着点头："是呀，我们小时候不也吃这套吗？我记得我小时也挑食不吃饭，我奶奶就给我蒸小兔子菜包、刺猬豆沙包哄我吃饭。我爷爷那时候还会用西红柿刻出一个小猫头呢，撒上白糖吃，真是又好玩又好吃啊。"

那一刻我突然有点小酸楚。因为我小时候，家里是由工作繁忙的妈妈负责一日三餐，加上我又不是挑食的孩子，所以印象里大人们也不会特别变着花样逗我吃饭，顶多是包饺子时偶尔给我包一个小小的糖馅饺子。虽然在这天之前我一直并未因此有过遗憾，但看着克拉摆弄着造型儿童餐时那兴致勃勃的小样子，我才有些内疚又伤感——我只是因为没有领略过造型儿童餐的美好，所以才反倒觉得是大人的刻意做作。

大概在成年之后，我们都会选择性记忆童年里的美好，却又终会随着我们生养孩子而慢慢复原本来的残缺，并会投影给我们的孩子。所以，我想，我应该把自己的缺失弥补给孩子，就好像我的童年又重新来过一次一样，而更重要的是，克拉的美好童年也会映像到他的孩子，这样，一代更比一代幸福。这也是我们的责任，对吧。

于是，在马上到来的那个周末早晨，我也特别给克拉做了一份有造型的早餐：把吐司面包片压出一个圆形，用巧克力酱在上面画出了鼻子、眼睛；炒得松碎的彩椒炒嫩蛋则摆成了小男孩的卷毛金发；然后我还撒了几粒芝麻在面包片上，好像小脸上的雀斑。

当克拉坐在餐桌前看到摆在自己面前的盘子时，一下子眼睛睁得好大，然后他开心又夸张地笑："妈妈，你是要我吃掉这个吗？"我点头问他喜欢吗，他很认真地看着食物说："喜欢。"眼睛笑成了一条线。

这天的早餐给了我们一天的好心情。

还有，可以记忆一生的美好。

卡通摆盘的小窍门

＊鸡蛋羹

软软的鸡蛋羹是最好的早餐选择之一。装饰鸡蛋羹最简单的思路就是把它当作一个娃娃脸，两片胡萝卜、一张海苔，就可以变出不同表情的鸡蛋羹。

笑脸鸡蛋羹
（适合 12 个月以上）

原料 ....

鸡蛋1个，水（约为鸡蛋的2.5倍），胡萝卜2片，海苔1张，青椒少许

步 骤 ....

❶ 鸡蛋打散后，把水倒入拌匀，轻轻撇去表面的浮沫，在碗上盖一层耐热保鲜膜或者盖上盖子。

❷ 蒸锅倒水烧开，转小火后，把鸡蛋羹放入锅内笼屉上，以小火蒸约15～20分钟，或至鸡蛋羹凝固。在笼屉上另外放一个小碗，切薄薄两片胡萝卜放入碗中，同屉一起蒸熟。

❸ 蒸鸡蛋羹的时候，用剪子把海苔剪成一些细短条状，并再剪2个比胡萝卜片小的圆圈。

❹ 鸡蛋羹蒸好后取出，放得不烫后可进行装饰。先把海苔细条一根根斜着摆在鸡蛋羹上部，充当头发。但是要留1根细条，再剪成4段更短的细条当睫毛。

❺ 把胡萝卜放在眼睛的位置，把小的海苔圆片摆在胡萝卜片上做眼珠，而最短的4根海苔条则放在胡萝卜片上面，看起来很像睫毛。

❻ 最后再切一小条青椒当嘴巴，可爱的笑脸鸡蛋羹就完成了。

特别说明：

把鸡蛋羹小碗放在一个大盘子中，周边放些漂亮的蔬菜、主食、水果，丰盛的早餐充满情调。

绿脸小怪物蛋羹
（适合12个月以上）

原料 ....

鸡蛋1个，菠菜50克，黄瓜2片，葡萄干数粒，青椒少许

步 骤 ....

❶ 菠菜加少许水，用搅拌机打成泥。

❷ 鸡蛋打散后，把菠菜汁倒入拌匀，菠菜汁约为鸡蛋的2倍量，轻轻撇去表面的浮沫，在碗上盖一层耐热保鲜膜或者盖上盖子。

❸ 蒸锅倒水烧开，转小火后，把鸡蛋羹放入锅内笼屉上，以小火蒸约15～20分钟，或至鸡蛋羹凝固。

❹ 鸡蛋羹取出放得不烫后，切2片黄瓜放在鸡蛋羹上面，并在黄瓜片上摆上葡萄干当作眼睛。

❺ 切2个青椒圈摆在鸡蛋羹上成椭圆当作嘴巴，在椭圆圈里再放几粒葡萄干当作牙齿，一个绿脸小怪兽就做好了。

特别说明：

在"绿脸"下面放几块南瓜摆成上衣状，再切2块猕猴桃当作腿，完整的小怪物就完成了。

＊三明治

很多小朋友都爱三明治。三明治不仅好吃，也更能创意出百变的可爱造型。不过可能我们会需要一些模具的帮助，比如动物图案的饼干模具，当然你用一个小水杯、小瓶盖也可以进行无限创作。

小鱼三明治
（适合 18 个月以上）

原　料

吐司面包片，奶酪片，火腿片，小萝卜，胡萝卜，黄瓜

步　骤

❶ 吐司面包切掉四边，将火腿片和奶酪片夹在两片吐司面包中，做两份这样的三明治。

❷ 取其中一份，用杯子口或者慕斯圈在面包上扣一下，注意只在一半的圆上用力，将三明治压出一个半圆。

❸ 然后再用杯子或者慕斯圈按压另外半个圆，但是需要平移杯子的位置后再按压，使面包被分割出一个两头尖的椭圆形。

❹ 把另一份三明治切掉一块小三角形。

❺ 把椭圆形三明治放在盘中，而三角形三明治摆放在椭圆三明治的后面，就摆放出了一条鱼的形状。

❻ 将小萝卜切圆片、黄瓜切半圆片，另外切两个三角形胡萝卜片，同时把切小的面包边再切一个小圆形。

❼ 把小萝卜片和黄瓜片交错摆在三明治上，做鱼鳞用；小面包圆片则是鱼的眼睛，而三角胡萝卜片摆在三明治上下两侧，就是形象的鱼鳞啦。

❽ 盘子里再放些生菜作水草，就更像海洋了。

猪头三明治
（适合 12 个月以上）

原　料

吐司面包，火腿片，葡萄干，鸡蛋，番茄

步　骤

❶ 番茄去皮、切小丁，尽量不用番茄中间有籽、水分多的部分；鸡蛋煮熟后，取蛋白部分切丁。

❷ 番茄丁与蛋白丁混合，用蛋黄拌匀即可。

❸ 两片吐司面包分别用同样大小的圆碗扣出圆形。

❹ 将拌好的鸡蛋番茄平抹在其中一片面包上，再把另一片面包盖在上面，放在盘子里。

❺ 用一片火腿切出一个小的椭圆形、两个三角形，把椭圆形放在三明治正中当作猪的嘴巴，在三明治上端左右两侧各放一片三角形火腿作为猪耳朵。

❻ 在椭圆形火腿片上再放两粒黑芝麻，取两颗葡萄干，放在椭圆火腿片上面左右两侧做猪眼睛，一个猪头三明治就做好了。

❼ 如果摆些煮好的西蓝花、切花的胡萝卜片在猪头下面，就会更好看了。

＊卡通面点

　　相比西式糕点，中式面点更容易烹饪得少油、少糖，像油菜包、红豆包，都很适合给小朋友做早点。如果再被做成卡通形状，哪个小朋友能拒绝呢？

发面基础

　　在面粉里混入一些巧克力粉或蔬菜汁等，以变换不同颜色。

主　料

面粉500克，快速酵母粉5克，糖1茶匙，温水约200毫升

发面团的基础步骤

❶ 面粉与糖混合倒入一只大碗中；把大约一半的水倒入杯中，撒入干酵母静置几分钟，让酵母融于水中。

❷ 将融化了酵母粉的水一点点倒入面中，一边倒水一边搅拌面粉，然后把剩下的一半水，也一边慢慢倒入，一边搅拌面粉。因为面粉的吸水率不同，所以要根据面粉情况倒入合适的水量。一般来说，面的柔软程度和耳垂差不多的时候，水和面的比例是最合适的。

❸ 慢慢用手揉面，一直要揉到面团光滑且不沾手、不沾盆，在面盆上盖上保鲜膜，放在温暖的地方静置发酵约50分钟，一直到面团的体积膨大至原来的1.5~2倍，而且面团带有发酵气息，面团内部有蜂窝状的气孔。

❹ 将发酵好的面团取出，轻拍出面团内的空气，即可使用了。

猪头包

步　骤

❶ 一部分面团需要用番茄汁和成粉色面团。

❷ 白色面团包入馅料整成圆形。

❸ 粉红面团取一小团揉成椭圆形，居中按入两粒黑芝麻做鼻孔，然后再把小粉红面团按在白面团上；另取粉红面团做两个三角形，按压在白面团顶部做耳朵，再在白面团的眼睛

位置上塞入两粒葡萄干。

❹ 面团放入蒸锅里静放20分钟二次发酵，然后开大火蒸熟即可。

兔子包

步　骤

❶ 制作白色发面团。

❷ 白色发面团分割成面剂子后包入馅料，整成一头大、一头小的椭圆状。

❸ 小的那头捏尖做兔子头。

❹ 然后在尖的顶部轻捏起一小坨面，用剪子从中剪开，整成兔子的两只长耳朵形状。

❺ 切三小粒干红枣肉，其中两块枣肉是红枣皮朝外，塞入兔子的眼睛部位，另外一块枣肉是枣皮朝里塞入兔子的嘴巴部位。

❻ 面团放入蒸锅里静放20分钟二次发酵，然后开大火蒸熟即可。

刺猬包

步　骤

❶ 白色发面团分割成面剂子后包入馅料，整成一头大、一头小的椭圆状。

❷ 小的一头捏尖，两侧各塞入一粒葡萄干当作刺猬眼睛。

❸ 然后用剪子在面团的上面一下下地剪面团，剪出一个个小尖，好像刺猬的刺。

❹ 把做好的刺猬包放入蒸锅里静放20分钟二次发酵，然后开大火蒸熟即可。

※全营养拼盘

　　主食、蔬菜、肉蛋，缺一不少的早餐才是正能量健康早餐。每一天的美好也都是从这多彩的早餐拼盘开始的。

积木拼盘

　　就像搭积木那样，把不同颜色、形状的蔬菜、主食、肉蛋进行有画面感的组合吧，有爱的妈妈都是餐盘大画家！

　　比如试下用清煮西蓝花做树冠、蒸紫薯做树干，再用蒸胡萝卜块和面包片、黄瓜条搭个房子，配半只鸡蛋太阳，是不是好有趣的早餐呢？

妈妈面盘

　　鸡蛋搭配意大利面是富有异国情调的早餐，也能创意无限。

　　煎一只鸡蛋放盘子中，切两片黄瓜放在上面，记得点缀葡萄干当眼珠才更有神采；螺丝状的意面煮好后随意摆在煎蛋上侧，好像妈妈卷卷的头发；我还会同时煮两只蝴蝶意面，两只就可以，当妈妈头发上的蝴蝶结；再切一个大大、圆圆的番茄片，分成两个半圆片，摆在煎蛋下面做漂亮的衣领；再切一小弯番茄放在煎蛋上，抹口红的妈妈面盘就完成了。

　　也许以后还可以让宝宝自己创作早餐作品喔。

11. 有家庭派对的童年才完整

儿童派对的营养餐谱

🥣 开胃菜 & 甜食——桂花蜜汁双色球
🥣 汤——奶油蔬菜汤
🥣 主菜——洋葱排骨
🥣 配菜——鲜虾泡菜沙拉
🥣 主食——香菇胡萝卜杂粮菜饭
🥣 零食小吃——爆米花

"我没有理由去拒绝儿子想在自己的家里招待小朋友的要求。而且，我觉得也应该认可并保护小朋友这种对家的小主人意识，这种意识在他稍微大些之后会慢慢转化为对家庭的依赖和责任，并对父母与子女的关系产生影响。"

有家庭派对的童年才完整

虽然我会花很多心思在儿子克拉身上，但对克拉并不娇惯，更不会溺爱得对他言听计从。相反，从他两岁开始，我还会刻意又坚定地在一些事情上不和他有任何妥协，让他明白有些事情即使他不高兴也要去做。不过，有三样事情我会对克拉有求必应。

一件事是读书讲故事，无论任何时候，当克拉拿着一本书让我给他讲故事时，只要是手边正做的事情能够暂时放下，我都会立刻抱起他读故事给他听，因为我觉得读书是对孩子最美好的教育。第二件事就是兴趣爱好的培养，只要他提出想学任何他感兴趣的事，无论是骑马、钢琴、绘画还是滑冰、跳舞，在他同意做出不会轻易放弃的承诺后，我都会立刻给他找老师安排课程，当然我也会真的督促他坚持学习，即使哭闹我也绝不会因心软而默许他放弃。我觉得让孩子多一些兴趣的探索，并且最终帮助孩子找到他真心着迷又擅长的爱好，这是让孩子一生都能过得充实、有意义的保证。第三件事则是邀请小朋友来家里聚会，无论是放学后的三两个小伙伴的小聚，还是过生日或节日里七八个甚至十几二十几个儿童的家庭聚餐，我都会欣然同意，并全力支持。

因为这也是儿子的家呀，我没有理由去拒绝儿子想在自己的家里招待小朋友的要求。同时，我也觉得应该认可并保护小朋友这种对家的小主人意识，这种意识在他稍微大些之后会慢慢转化为对家庭的依赖和责任，并对父母与子女的关系产生影响，甚至影响到孩子面对未来人生种种经历时的态度。所以我总是和朋友笑说："有家庭派对的童年才完整，而我们大部分人的童年都是有缺失的。"

我想，和我有同样想法的妈妈应该不少，所以越来越多的妈妈开始创造条件为小朋友设计一个又一个的主题派对：迎新年派对、庆生日派对、秋季丰收派对等，各种名目的派对。

不过每一次家庭儿童派对之后，都会让妈妈有脱一层皮的疲惫感。我的一个朋友曾经和我形容她每次给孩子办家庭派对的感受："一面要忙活着给十几个孩子准备饭菜，一面还要紧张地看着这些孩子别捅乱子，孩子们玩得越 high，妈妈就越虚脱。"事实确实如此，所以妈妈们对这样的派对真是很纠结：真心想给孩子安排一个开心热闹的家庭聚会，让他们的童年记忆充满幸福，但每次这样的活动又会让妈妈们累得咬牙切齿。

其实我倒觉得，如果安排得有条理，所有的场面你就都可以 hold 得住了，也就不会觉得疲惫不堪。而小窍门不过六个：

★给孩子们准备一些游戏或者竞赛，让他们全神贯注于你设计的活动中，就不会有心思去干那些让你抓狂的"恶魔"事了。

★如果条件允许，让每个小朋友的家长也一起参与活动，这样每个家长只要盯住自己的孩子别出格，一切就会有秩序。

★聚会中的餐食永远是重头任务，你当然可以叫外卖，不过自己准备的好吃食物是会让大家高兴的，也会让孩子深深地以你为自豪——孩子的一句"我妈妈做的烤排骨天下无敌"真的会让你忽略掉所有的疲劳。

★如果自己准备餐食，餐食的种类不用很多，只要确保有主菜、配菜、健康低热的零食或者水果、饮料就足够了，而且一定要提前计划和准备，所以菜单的设计应该选择那些可以提前烹饪但是又不会影响味道的食物，比如西式的烤鸡翅、中式的炖排骨都是孩子们喜欢又很适合做派对餐的食物。这样，所有的食物在孩子们来之前就基本准备好，等到吃的时候只需加热就能开餐，使你无需把很多精力放在厨房里，只要看住客厅里的孩子就可以了，这样你就不会觉得要顾的事情太多，就能轻松不少。

★准备一个上锁的房间，把你珍贵的物品、家里易坏的物品，以及不应该让孩子看到的东西都放进房间锁起来，甚至客厅里的白羊毛地毯最好也都卷起来锁进房间，确保精力太过旺盛的孩子就算累了你的身子，也不至于要让你面对心疼的场面。

★家庭派对结束后，一定要和你的孩子一起来收拾房间，并让他参与整个过程，有些他能够做的事情让他也搭把手，这样他才能明白你所花费的心思和精力，并懂得任何快乐都是要有所付出才能得到的，而这也才是你花费那么多气力为他操办家庭派对很重要的意义之一。当然，这样几次之后，他也肯定会更慎重地和你提出在家搞派对的要求哦。

　　哈哈，虽然我写了这么多在家里给孩子办一个儿童派对的省心、省力的小窍门，但其实一直到现在，儿子克拉也还没有向我提出过这样的要求。不过我想很快，他就会有在家里和小朋友一起游戏、一起享受美味大餐的愿望了，也许说不定就是在这个儿童节吧。届时，我一定会激动又兴奋，并会为自己感动——一个让小朋友觉得充满无限乐趣和快乐、并让他们引以为骄傲的家，他才会乐意喊来小伙伴一起分享，对吧？

　　这是一个努力经营着幸福家庭的妈妈的自豪。

开胃菜 & 甜食
——桂花蜜汁双色球

这是一道既可当作凉菜、又可当作甜品的小食，滋味特别，比起传统的开胃菜或者甜品来，这道小食不仅更有新鲜感，而且相当健康。尤其是当作甜品，是最适合小朋友的了。

儿童派对的营养餐谱

从开胃菜到零食，有主菜也有糖水，这是一套非常完整的派对菜谱，而且也特别适合中国小孩子。每一道菜都考虑到了营养、味道以及可操作性，应该是多数孩子都喜欢的口味。当然，也许你不需要用全套的菜谱，选其中一两个，甚至还可以做点变化，计划一个自己觉得得心应手的派对菜谱才是最重要的。

原　料

圣女果500克，冬瓜500克，梨2个，糖桂花(桂花酱)4勺

步　骤

① 煮一锅水，烧开后把圣女果倒入沸水中烫一下捞出。

② 被沸水烫过的圣女果表皮会裂开，轻松剥去表皮。若表皮没有裂开，则用小刀轻划，即可剥去表皮。

③ 冬瓜去皮，用挖球器挖出小圆球。

④ 梨榨成梨汁。

⑤ 把梨汁、糖桂花倒入碗中，放入圣女果、冬瓜拌匀，盖上保鲜膜放冰箱冷藏腌入味，24小时后食用。

汤——奶油蔬菜汤

　　用丰富的蔬菜制作的奶油蔬菜汤不仅很有营养，而且口味清淡又清香，平时在家也可以经常煮，每次可以多煮一些，然后按份放入冰箱冷冻起来，每次喝时取出加热至沸腾即可。这样，当作早餐汤或者晚餐汤都很不错。而来客人时，则建议盛入西餐汤碗中，配一些烤脆面包粒或者奶酪丝撒在汤中，就会显得很正式。

主　料 ⋯⋯⋯⋯⋯⋯⋯⋯⋯⋯⋯⋯⋯⋯

白蘑菇12朵，洋葱半个，西芹1根，胡萝卜1/2根，黄油2勺，面粉4勺，盐2茶匙，牛奶4杯，鸡汤2杯

步　骤 ⋯⋯⋯⋯⋯⋯⋯⋯⋯⋯⋯⋯⋯⋯

❶ 把白蘑菇、洋葱、西芹、胡萝卜洗干净后都切成或者用搅拌机打碎成碎末，其中胡萝卜要事先把皮刮去。

❷ 黄油放入锅中加热，融化后放入蔬菜末炒香、炒熟、炒软。

❸ 将面粉筛入锅中，再和蔬菜一同炒3~5分钟，至面粉被炒熟，并和蔬菜混合均匀。

❹ 倒入鸡汤、牛奶后转小火，慢慢地炖约15分钟，如果需要可以加一些水，最后根据口味煮至合适黏稠度并调入盐即可。

主菜——洋葱排骨

　　甜甜口味的烧排骨是小朋友的大爱，也深得成年人的喜欢。无论是只有小朋友参加的聚会，还是家长、孩子一起参与的家庭活动，煮这样一锅排骨不算费事，而且最难得的是，可以提前准备却不会因此影响口味。这样，妈妈就能从容地接待客人，等到开饭时则好像变魔术一样一下子就端出一道道美味，让大家惊叹。当然，这道菜作为家常食谱也是很不错的。

原　料（6人量）

排骨1000克，洋葱2个，番茄酱1/2小碗，酱油2勺，蚝油2勺，冰糖1/2小碗，盐适量，淀粉1碗，料酒1杯，黄油1小块

步　骤

❶ 排骨先放入盆中，倒入冷水没过排骨，撒2勺淀粉搅匀，浸泡30分钟去血水，然后洗干净，擦干水。

❷ 锅中倒入一些油，油温热后，在排骨表面轻拍薄薄一层淀粉，放入锅中，两面煎得略呈金黄色捞出。

❸ 煎排骨的油要过滤去渣滓，重新倒入锅中，加一些黄油，以小火加热至黄油融化。

❹ 洋葱切丝后倒入锅中，慢慢炒软、炒香。

❺ 将煎好的排骨也倒回锅中，略翻炒后，倒入蚝油、酱油翻炒上色，然后倒入料酒、水，刚好没过排骨即可，水开后转小火，盖盖焖约90分钟或至排骨烂。

❻ 倒入番茄酱、糖，并根据口味调入盐，以大火收汁至汤汁黏稠就可以了。这一步可以等到客人就座后再进行，在客人享用冷盘的时候再点火收汁，只需十几分钟就可以完成，不会影响布餐，而且味道也最好。

配菜——鲜虾泡菜沙拉

　　派对中最让人头疼的一项其实是蔬菜，如何把蔬菜做得好吃又新鲜并非易事。我的小经验是，自制爽口的泡菜将是派对中最受欢迎的蔬菜。虽然泡菜需要事先准备，但是做起来倒也不麻烦，而且只需要少许加工和变化，就可以做成沙拉头盘或者主菜配菜，常常会好吃得喧宾夺主呢。

原　料
_____

黄瓜3根，胡萝卜1根，小水萝卜6个，鲜虾20只，西蓝花半个，黄砂糖（也可用白砂糖代替）20克，白砂糖30克，苹果醋20毫升，白醋20毫升，盐2茶匙，葱少许，姜少许，料酒少许，鱼露1勺（可不用），柠檬汁1勺

步　骤
_____

❶　黄瓜洗净后用刨刀刮出薄片，但靠近黄瓜芯的部分不用；小水萝卜洗净后连着皮一起切成薄片；胡萝卜削皮后擦成粗短丝。三种蔬菜放到碗里，撒上盐抹匀，腌3小时左右。

❷　黄瓜、胡萝卜和小水萝卜腌出水后倒掉汁水，加入黄砂糖、白砂糖、苹果醋、白醋拌匀，盖上保鲜膜后放入冰箱冷藏腌1~2天。

❸　菜腌入味后，食用前半日，先把鲜虾去皮、去头，放入加了葱、姜和料酒煮沸的水中烫熟捞出过冷水，沥干备用；西蓝花也择成小朵，放入开水中焯断生，然后沥水备用。

❹　将西蓝花和虾也放入腌菜碗中，淋入柠檬汁，放入冰箱浸泡3小时以上入味。

❺　吃时把蔬菜和鲜虾盛出装盘，酸甜清凉。

主食——香菇胡萝卜杂粮菜饭

　　如果主菜是炖排骨，那么主食当然是米饭了。不过白米饭有点单调，所以可以做一锅营养美味又好看的香菇胡萝卜杂粮菜饭。虽然听起来有点麻烦，不过也是一道可以提前准备的菜，然后交给电饭锅就可以坐享其成了。

原　料
大米2碗，小米1碗，胡萝卜2根，干香菇20朵，茼蒿200克，盐适量

步　骤
❶　大米、小米淘净，略浸泡40分钟。
❷　干香菇泡发后切小丁，泡香菇的水不要倒掉；胡萝卜去皮切小丁；茼蒿切碎末备用。
❸　大米、小米泡好后倒入锅中，倒入撇去杂质的浸泡香菇的水，但要比蒸饭的水量略少。
❹　然后倒入香菇丁、胡萝卜丁拌匀，启动电饭锅蒸饭程序即可。
❺　电饭锅蒸饭程序一完成，即马上倒入茼蒿末拌匀，再盖上盖焖一会儿即可。

零食小吃
——爆米花

可以说，我同意小朋友吃的零食大概就只有玉米花了。当然，我可不会给他买电影院或者超市里的那种甜甜的各种口味的玉米花，我会自己做爆玉米花给他吃。一只纸袋、一小把玉米粒，放入微波炉就可以变成玉米花。这种自己家制的少糖玉米花可以当作儿童派对上的小零嘴，非常烘托气氛，也算是放心零食吧。

主 料

1/3杯玉米粒，1茶匙黄油，2勺糖

工 具

食品纸袋（如麦当劳纸袋）

步 骤

❶ 黄油放入微波炉中低火加热成液体状。

❷ 玉米粒放入碗中，拌入黄油，撒入糖，抓匀。

❸ 把玉米粒放入纸袋子中，封口处向里折叠几次。

❹ 将纸袋放入微波炉中，最高火力加热1分30秒到2分钟左右，听到袋子里爆裂玉米的声音从劈劈啪啪地此起彼伏到响声比较稀疏时就可以取出了。中间也可以小心地打开纸袋一次，把已经爆好的那部分玉米倒出来，然后再封好纸袋放入微波炉中，继续把剩下的玉米爆开。一定记住：打开纸袋时一定要小心，以防被热气烫伤。

12. 野餐是必需的家庭生活

野餐食物自己做

🥣 野餐三明治：照烧三文鱼碎和蔬菜三明治，碎蛋三明治
🥣 日式野餐：蔬菜肉末饭团，菠菜玉子烧
🥣 野餐零食：酸奶蓝莓麦芬，烤红薯片

那些美好的野餐经历都会留存在儿女们美好的童年记忆里，并会延续到他们的孩子身上，让野餐成为重要而温暖的家庭生活方式。而我如此费心又热情地准备一次又一次野餐的过程，看在孩子们眼里，一定会让他们慢慢悟出生活之道：生活可以有很多种方式，但绝不能是怎么省事儿怎么来的过法。

野餐是必需的家庭生活

有一个研究幼儿教育的朋友，她曾在国内 10 所幼儿园里做过一次关于玩耍的调查。最让她吃惊又感慨的一项调查数据是：有一多半的小朋友表示从来没有和父母野餐过。"在草坪上铺上野餐垫，和家人一起分享自己制作的简单小食，这是多么寻常又简单的事，可是竟然有那么多小朋友从来没和自己的

家人有过野餐的家庭聚会。" 自小在美国长大的这个朋友觉得有些不可思议，"那么多家庭有汽车，难道周末开车带孩子出去玩都不会搞一次草地野餐吗？"

说实话，当两年前她在为完成学业而进行这个调查、并惊讶地告诉我调查结果时，我居然也从来没有带儿子真正地野餐过，即使我有全套的野餐工具，我们也经常带他出去玩，但是竟然没有想到过可以全家来一次野餐。我没好意思告诉朋友我的孩子竟也是"没野餐过的大多数"，但确实让我把这件事放在了心上。我有些自责："为什么没有带他野餐过呢？"爱人安慰我说："可能因为我们小时候也都没有过野餐的经历，不像你的朋友那样在一个家家有野餐传统的环境里长大，所以我们就容易忽略这么美好的家庭聚会。"然后，他兴奋地说："我们可以这个周末就开始野餐啊。"

于是，我也很兴奋地开始准备起了我们第一次的家庭野餐：三明治、小蛋糕、水果、冰镇过的果汁和啤酒，还有漂亮的野餐筐。那一天儿子真是开心极了，甚至吃了很多他平时最不喜欢的生芹菜条蘸花生酱。这之后，他也经常要求说："妈妈，我们去野餐吧。"并对野餐的游戏百玩不厌。

从此，野餐也成了我解决一切周末问题的良方：住一个城市久了，当实在想不到还有哪里能让我们消耗周末的时候，我就会安排一次野餐，换着不同的公园就能带给我们新鲜感。当然，有时候护城河岸、家门口的街心花园，也都可以野餐，并一样让我们乐此不疲。我们再也不会抱怨公园的食物难吃又贵，或者担心农家乐的饭菜不卫生又太多油脂，简单的野餐食物不仅让我们快乐，也让一切更加顺心和方便。

我也越来越得心应手于野餐的准备，可奢可简。特别的日子里，我们会带着精美的小吃，甚至还有放在冰袋里的香槟去野餐，大多数时候三明治则是最佳野餐食物，而有次急匆匆才决定的野餐里，我居然带过蒸好的速冻菜包子和白水煮蛋、小番茄、小黄瓜，但是大家一样吃得很快乐。

为此，我家的野餐装备也越来越专业：野餐垫、遮阳伞、折叠小餐桌、保温箱、冰袋，连野餐包都有好几只——有一个是配有餐具、带保温夹层的帆布野餐包，可以确保食物的新鲜，适合我们去郊区旅游时用；还有一个是配有全套餐具的漂亮野餐竹筐，在特别适合拍照片的那种朗朗晴天里，我们会带着它去附近的公园野餐；此外，我还有一个单纯的天蓝色皮筐，是我们"假装野餐"时用的——偶尔某个天气实在太好的日子，我们就会把简单的家常饭菜装进筐里，然后提到离家步行几分钟的小公园里，找一块安静又干净的草坪，铺上野餐垫，惬意地享受起来。

换一个地方进餐，就好像换了一种日子，生活也变得有趣很多。

我想，这些美好的野餐经历都会留存在儿女们美好的童年记忆里，并会延续到他们的孩子身上，让野餐成为重要而温暖的家庭生活方式。而我如此费心又热情地准备一次又一次野餐的过程，看在孩子们眼里，一定会让他们慢慢悟出生活之道：生活可以有很多种方式，但绝不能是怎么省事儿怎么来的过法。

秋游野餐 Tips：

★ 不要小看保鲜袋的作用，清洗干净的切片、切块及去皮的食物，放入保鲜袋、保鲜盒，或用保鲜膜包装好，可以最大限度地保持食物的最佳口味和新鲜度。

★ 野餐的时候最好不要事先调味，以免变质或者出汤、变味道。可以将调味料放入密封的小盒或小袋中，吃时再调拌。

★ 尽量不带酸味的食物，比如酸奶、糖醋汁的拌菜等，因为这类食物如果变质，不太容易被察觉。

★ 尝试少量带一些小朋友并非完全不能接受、但在平常不太喜欢的食物，比如胡萝卜、芹菜、白煮蛋等，也许在美好的风景里，他们就能心情愉快地享用这些食物了。

★ 带一些芹菜叶、香菜叶，撒在野餐垫子四周，是可以起到驱虫作用的。

野餐食物自己做

* 野餐三明治

　　为野餐而烹饪的食物最重要的就是方便携带，最好不需要容器，更不能汤汤水水，而且冷吃也不会影响食物的味道。所以，三明治是最适合野餐的食物了。而且，很多小朋友也特别喜欢吃三明治，即使不去野餐，偶尔外出我们也可以做个三明治带上当作一餐，比起去餐厅吃饭，健康又经济。当然，三明治早餐也特别受小朋友喜欢。

照烧三文鱼碎和蔬菜三明治
（适合 2 岁以上）

　　比起外面买的三明治，自家三明治可以选用更好的食材，比如用三文鱼或者虾肉、有机猪里脊做三明治，再配上足够的蔬菜，可比快餐厅的三明治有营养又好味道吧。

碎蛋三明治（适合2岁以上）

碎蛋三明治是一款经典的传统西式三明治，做起来非常简单。而家庭做法建议增加一些蔬菜，不仅营养更全面，口感也更丰富。

原 料

三文鱼1块，胡萝卜半根，牛油果1个，生菜少许，面包适量，酱油、红糖少许，蒜末少许，姜末少许

步 骤

❶ 三文鱼切小块、去骨，以鲜味酱油、红糖以及蒜末、姜末拌匀腌一晚。

❷ 擦去三文鱼表面的腌汁，放入锅中煎熟。

❸ 胡萝卜去皮切块，煮软后按压成泥。

❹ 牛油果去皮、去核，按压成泥。

❺ 生菜切细丝。

❻ 将三文鱼戳碎，与生菜、牛油果泥、胡萝卜泥混合。

❼ 把混合好的三文鱼蔬菜夹入面包中即可。

原 料

鸡蛋，红椒，香芹，蛋黄酱，面包

步 骤

❶ 鸡蛋煮熟后切碎粒，红彩椒切小碎粒，香芹切小碎粒。

❷ 把鸡蛋、红彩椒、香芹混合，拌入蛋黄酱，可以根据口味再加少许胡椒粉、盐和糖。

❸ 将拌好的碎蛋酱涂抹在一片吐司面包片上。

❹ 把另外一片面包盖上，用刀斜切对角线，成三角状三明治即可。

❺ 也可以做成适合派对用的面包托，即把面包切成小方片，涂少许碎蛋酱在上面即可。

特别说明：

把三文鱼换成鸡肉或者虾，可以做成另外风味的照烧肉与蔬菜三明治。调料用量可以酌情减少。

＊日式野餐

中餐也可以做成适合外出野餐的食物，记得我小时候春游时，妈妈总是给我煮茶叶蛋、带个蒸豆包。现在，我有时也会带些茶叶蛋当作野餐的小食。随着我们野餐次数的增多，我们的野餐食物也越来越丰富。每次野餐，我都尝试着变换口味，终于我发现，日餐里也有不少食物都适合放入野餐菜单里，比如寿司、饭团，易于携带，口味清淡又制作简单。

蔬菜肉末饭团
（适合 12 个月以上）

制作好的饭团一定要用保鲜膜紧紧包好，并且不要放在冰箱里，以免口感干硬。所以饭团最好当天制作。

原 料（约做8个）

米饭1碗，胡萝卜1／2根，小油菜50克，肉末50克，葱少许，姜少许，酱油1／2勺

步 骤

❶ 蒸米饭的时候，放一块削皮的胡萝卜一并蒸熟、蒸软备用。

❷ 葱、姜剁成蓉，小油菜烫熟，攥干水切碎末。

❸ 锅中倒少许油，下葱、姜蓉略煸炒后倒入肉馅炒变色，加少许酱油调味。

❹ 放入青菜碎炒匀。

❺ 将炒好的肉末青菜碎拌入米饭中，把蒸软的胡萝卜也按压成泥拌入米饭中。

❻ 将米饭紧紧地抓成一个个合适大小的饭团。

菠菜玉子烧 （适合 12 个月以上）

操作起来有点麻烦的玉子烧确实是很适合宝宝的食物，在传统玉子烧里加些蔬菜或者肉，让营养更丰富，也使味道有些新意。

原 料

鸡蛋3个，菠菜100克

步 骤

❶ 菠菜焯熟，放入搅拌机搅拌成菠菜泥。

❷ 鸡蛋打散后，加入菠菜泥，并根据需要调入盐或者不加。

❸ 平底锅擦少许油，油温后倒入蛋液摊开。

❹ 蛋液略凝固后，将蛋饼从中间对折，这样留出锅中一半的空间。

❺ 再倒一些蛋液在另一半空锅里。

❻ 蛋液略凝固后再把蛋饼对折。

❼ 然后重复步骤4~6，直至将蛋饼卷成需要的厚度。

❽ 取出蛋饼切块就可以了。

外出游玩，小朋友的嘴巴是最闲不住的，总是要吃点这、吃点那，也喜欢彼此分享食物。不如自己做一些放心的小零食，满足一下孩子小小的愿望。

酸奶蓝莓麦芬
（适合 18 个月以上）

虽然麦芬蛋糕的热量真的不低，不过偶尔野餐的时候烤一些成功率很高的麦芬蛋糕也是需要的，不仅可以给小朋友一点小甜头，也可以和同伴一起分享，而食物的分享也是主妇们的社交必需——这个年头，哪个辣妈还不会烤蛋糕呢？

原　料（可做6~8个）

黄油80克，细砂糖30克，鸡蛋（中型）1个，原味酸奶110克，低筋面粉100克，葡萄干适量，泡打粉1/2小勺（2克）

步　骤

❶ 鸡蛋磕入碗中，搅拌成蛋液备用。

❷ 低筋面粉和泡打粉混合，过筛后备用。

❸ 黄油在室温下放软成雪花膏状后，分两次加入细砂糖，每加一次糖后都要充分搅拌，让细砂糖与黄油完全混合，最终要搅拌至颜色发白、体积稍膨胀。这一步骤用电动打蛋器完成最好。

❹ 鸡蛋液分三次加入黄油中，每加一次蛋液都要充分搅拌，使鸡蛋和黄油完全融合后再加下一次。

❺ 倒入酸奶。

❻ 倒入过筛后的低筋面粉后，用橡皮刮刀拌匀。注意：搅拌的时候，要从底部向上翻着搅拌，而不要画圈搅拌，以免面粉起筋。

❼ 在拌好的面糊中倒入葡萄干，再从下至上翻着搅拌一下，让葡萄干均匀混入面糊中。

❽ 烤箱预热到185度，将面糊倒入蛋糕纸杯模具中约2/3满，放入烤箱中层，烤约20~30分钟。

烤红薯片 （适合 18 个月以上）

　　虽然味道比不上商场里卖的包装零食，不过自己烤的无添加的红薯片、土豆片、苹果片更为健康，这是最重要的。

原　料

红薯1个，油2勺，盐1茶匙

步　骤

❶ 红薯洗净，擦干水，切薄片后放入冷水中浸泡30分钟，然后捞出，沥干水。

❷ 油、盐混合。

❸ 用厨房纸巾彻底擦干红薯片上的水，平铺在微波烤盘上，两面都均匀地涂上油。

❹ 微波高火转4~5分钟后取出，翻面再放入微波炉转2~3分钟即可。

从厨房认识世界——厨房里的早教

可能因为厨房是我最爱也最熟悉的地方，我随便一想，就能想到厨房里有太多东西可以用来当作认知的教具，而厨房里的很多事儿也是非常生动的早教内容。克拉从三四个月到如今快四岁，真是在厨房里学到了太多新鲜的知识，从一个小小厨房开始，越来越多地认知这个世界。

13. 从厨房认知世界

充满新鲜感的食谱

- 🥣 新鲜的食材：排骨蔬菜炖鹰嘴豆，鸡肉牛油果沙拉
- 🥣 新奇的味道：青酱虾仁拌面，味噌烤鱼
- 🥣 新颖的形式：面包煎蛋配番茄鲜虾沙拉，英式蔬菜布丁

　　可能因为厨房是我最爱也最熟悉的地方，我随便一想，就能想到厨房里有太多东西可以用来当作认知的教具，而厨房里的很多事儿也是非常生动的早教内容。克拉从三四个月到如今快四岁，真是在厨房里学到了太多新鲜的知识，从一个小小厨房开始，越来越多地认知这个世界。

从厨房认知世界

　　当儿子克拉三四个月的时候，我开始考虑到早教的事情。我在网上找了一些早教机构的资料，也跑到书店去买了早教书。我买回的第一本早教书是《看图识物》，这可能也是很多家长为孩子买的第一本早教书。当我回家把这本书给克拉翻看，指给他看"这是苹果，这是黄瓜"时，我忽然觉得有了种开窍的感觉。于是我合上了书，跑到厨房拿了一个苹果、一个橘子、一颗小番茄出来，然后举着苹果给克拉看：

"嗨，宝贝儿，这是苹果，苹果是圆的、是红色的。"接着又拿着橘子放他鼻子前："这是橘子，你闻到有酸酸的气味了吗？"我还拿着他的小手去摸苹果、橘子和小番茄说："小番茄也是圆的、也是红色的，但是要比苹果软，对吧？"克拉看着眼前的苹果、番茄、橘子，眼睛亮亮的，很是专注。

也就是从这一天起，我开始很刻意地把厨房当作了对儿子进行认知早教的课堂。可能因为厨房是我最爱也最熟悉的地方，我随便一想，就能想到厨房里有太多东西可以用来当作认知的教具，而厨房里的很多事儿也是非常生动的早教内容。克拉从三四个月开始到如今快四岁，真是在厨房里学到了太多新鲜的知识，从一个小小厨房开始，越来越多地认知这个世界。

最开始，我只是从厨房里找一些颜色鲜艳、形状圆滑的蔬菜、水果洗干净当作教具，苹果、金橘、柿子椒、小包菜、熟鸡蛋适合三四个月的小朋友，这些蔬果可以帮助小朋友认识颜色、形状，感知温度、气味和软硬，小一些的瓜果还可以锻炼他的抓举意识。

等克拉能听懂一些话，并开始慢慢自己学说的时候，我们的游戏又有了新的玩法：我会把一堆蔬菜放一起，让他按照我的指令拿给我土豆或者茄子；或者是把番茄、苹果混在一起，让他把所有的苹果挑出来。厨房里放着的菜谱书也是克拉喜欢的"绘本"书，每次他都会很专注地翻半天，并指着那些他认识的东西告诉我："这是鱼，这是盘子。"

而现在克拉快四岁了，厨房是他最爱待的地方，也是他吸取知识最多、也最乐意学习的地方。当我拿着小算盘让他数1、2、3时，他会非常抗拒，不过在厨房里他很愿意帮我数抽屉里的碗有几只，并喜欢问我厨房里各种东西的英文是什么。

因此，每天在厨房里准备晚餐的时候，我看着手里正用的任何东西，或者克拉从柜子里翻出来拿在手里玩的任何东西时，脑子会立刻飞快地想着这些东西可以帮助克拉又多知道一些什么。看着他手里的碗、我眼前的锅，我会脱口而出："一只锅，两只锅，妈妈有两只锅。一个碗、两个碗、三个碗，克拉有三个碗。绿碗最大，红碗最小，白碗相对绿碗来说，很小，但是和红碗比起来，很大。"

　　就这样，除了认知厨房里的食材，克拉最早的英语课、数学课都是从厨房开始的。现在，克拉拿着苹果时已经会告诉我："苹果是 apple，两个苹果要说 apples。你有一个苹果，我有两个苹果，这样一共就有三个苹果，对吧，妈妈？"

　　同时，我也会在厨房里不断地对他重复、强化安全教育，"刚烧开的水是烫的，所以不可以动开水壶"，"刀可能会把人弄伤，你现在只能用黄油刀切面包"，等等等等。

　　更多时候，厨房里能学习到很混搭的各种知识，真是上至天文、下至地理，物理、化学也都有所涉及。尤其是当克拉看我用一种他从来没有见过的食材烹饪时，更是表现出了更多开心，会由着这种新奇的食材进行发散式的各种提问。有次我做鹰嘴豆，我们一起从鹰嘴豆聊到阿拉伯、阿拉伯语、石油、宗教，又聊到老鹰，然后说风筝、飞机、莱特兄弟……最后我不得不 google 更准确的答案。所以，我越来越喜欢买一些新鲜的食材来烹饪，这对克拉来说就像出门旅游一样让他好奇、专注，让他可以获取更多新的知识，认知世界。而这不仅对克拉有益，也让我重新拣拾起对科学知识的求知欲望。就这样我和儿子一起，在厨房里慢慢进一步认知了我们所处的世界。

　　当然，这些新鲜的食材带给我们的更大乐趣还在于全家人对晚餐的期待——我喜欢不时地带着全家老小感受不同的味蕾体验。虽然有时候一些新奇的滋味让我们兴奋，也有时候会让我们有些失望，但这就好像是一场味蕾的冒险，给我们一日三餐的平常日子带来许多新鲜感。所以，别把自己的胃局限在一个小小的空间，多尝一些滋味，就好像多一些人生经历一样，总是可贵又值得的，尤其对于孩子，打开他们的胃跟打开他们的眼界和性情一样重要。

　　胃越包容，心越包容，真是这样的。

充满新鲜感的食谱

＊新鲜的食材

　　大胆尝试一些你从来没有吃过的食材，不仅会让你大开眼界，而且也非常有益身体，能帮助你摄取更多样化的营养。而对于小朋友来说，新鲜的食材也能激发他们的食欲，并让他们有更多的滋味体验。

排骨蔬菜炖鹰嘴豆 （适合18个月以上）

　　鹰嘴豆是欧洲、中东等地人们日常饮食的食材之一，属于高营养豆类植物，同时又非常利于老人和幼儿吸收。所以小朋友在添加辅食时期就可以食用鹰嘴豆泥了。现在大城市一些大超市或者卖西餐配料的市场都很容易买到鹰嘴豆，用来和肉一起烹饪，味道相当好。

原　料
排骨500克，鹰嘴豆100克，西芹1根，洋葱1个，胡萝卜1根，蒜1／2头，姜3片，香叶3片，盐2茶匙

步　骤

❶ 排骨放入沸腾的开水里焯1～2分钟，捞出沥水后放入炖锅，倒足量水略没过排骨，加入姜片、香叶，中火煮开后，转小火炖。

❷ 排骨炖约40分钟后，捞出姜片和香叶，将冲洗过的鹰嘴豆也放入，再继续小火炖约30分钟，或至豆子和排骨都软。

❸ 排骨炖好后，捞出排骨和一半的豆子备用，汤和剩下的一半豆子稍后也会用到。

❹ 洋葱切小片，蒜去皮拍散，西芹切丁，胡萝卜去皮切丁。

❺ 炒锅中倒入少许油，放入蒜、洋葱炒香、炒软。

❻ 把芹菜和胡萝卜也倒入锅中略炒，然后倒入煮排骨的汤，汤中的鹰嘴豆仍留在锅里备用，以中火煮约10分钟或至蔬菜软。

❼ 将煮软的蔬菜捞出1／3放入排骨碗中。

❽ 其余蔬菜连着汤倒入搅拌杯中，并加入汤锅里剩的鹰嘴豆，一起搅拌成糊状，也可以手持搅拌棒在锅中完成这一步。

❾ 搅拌成糊状的豆菜糊倒入锅中，把预留的排骨、鹰嘴豆、蔬菜也放入，小火煮沸后，加盐调味即可。

鸡肉牛油果沙拉 （适合 12 个月以上）

牛油果也是西餐常见食材，又称鳄梨，虽然外表凹凸粗糙，但口感软滑，早在宝宝最初加辅食的时候就可以单独添加牛油果泥。不过牛油果含丰富不饱和脂肪，有一些人因此不太习惯这样的口感。但是如果加一些蛋黄酱，并配上鸡肉，用来做沙拉或者三明治夹馅就很美味又健康。所以这道沙拉也可以夹在面包里做成三明治。不过需要提醒的是，太小的宝宝就不要加入谷物脆片了。

原 料
牛油果1个，大鸡腿1，番茄1／2个，蛋黄酱3勺，盐1／2茶匙，奶酪50克，早晨脆谷物片少许，姜2片，料酒1勺，薄饼1张

步 骤
① 鸡腿放入煮锅，加姜片、料酒，放适量水将鸡腿煮熟。
② 牛油果挖出果肉，去核。
③ 牛油果肉切小块；煮好的鸡腿肉去皮、去骨，撕成小块；奶酪切丝；番茄去籽切丁。
④ 牛油果、鸡肉、番茄、奶酪放入大碗中，加入蛋黄酱拌匀。
⑤ 撒上谷物脆片即可。
⑥ 也可将做好的沙拉放在薄饼上，再将饼卷起切段，即成适合宝贝吃的小小沙拉卷了。

*新奇的味道

　　每天都要下厨房烹饪的妈妈经常会发愁今天吃什么、做什么，而我觉得，去挖掘新鲜的调味是打开烹饪思路的最好办法，这些新鲜的味道会激发我们下厨房的兴趣，使做饭变成有意思、有挑战的事情。

青酱虾仁拌面
（适合2岁以上）

　　传统的青酱是用罗勒来烹饪，有一种特殊的香气。不过国内很多城市不太容易买到新鲜的罗勒，用菠菜来代替也别有风味。虽然菠菜不算新鲜的味道，不过菠菜与橄榄油、松仁和奶酪的组合，还是会让人觉得耳目一新。当然，如果用罗勒来烹饪，就更加完美了。

原 料

意大利面50克，菠菜150克，蒜瓣2个，松仁50克，海盐1茶匙，橄榄油25克，帕马森奶酪粉30克，海虾数只，姜2片，葱1段，料酒1勺

步 骤

❶ 水中滴几滴油，放一小撮盐，加热至沸腾后放入意大利面，按照包装说明时间把面煮熟后捞出，沥水，并拌入少许橄榄油备用。

❷ 放入菠菜焯断生，捞出攥掉水。

❸ 锅中重新倒入清水，放入姜片、葱段、料酒，大火烧开后，放入虾，焯变色后捞出，去掉虾头、虾皮备用。

❹ 松仁放入烤箱或者不放油的厚底锅里，以小火烘香后备用。

❺ 蒜瓣剥去皮，与菠菜、松仁、橄榄油和海盐一起放入搅拌机内搅拌成糊状，即成青酱。

❻ 用搅拌好的菠菜酱拌匀意面。

❼ 放入虾，撒些奶酪粉即可。

特别说明：

煮面的时候加一点点盐和几滴油可以避免面条粘连。另外，几乎所有的意面外包装上都会有烹调时间说明，不过一般来说，按照说明的时间煮出的意面会有点硬，所以可以适当延长一点点煮面时间，可能更适合孩子。

味噌烤鱼 （适合12个月以上）

味噌是日餐不可缺少的调料，而味噌独特的鲜咸滋味用来做日常家常菜的烹饪也非常好。你可以试着把习惯用的蚝油、豆瓣酱换成味噌调味，清淡却不失滋味。当忙碌的时候，一勺味噌、一小锅水，再加些豆腐、海带，只用十几分钟，就可以煮出一锅很营养的简单味噌汤。

原 料

无刺鱼肉（鳕鱼或龙利鱼等白鱼肉为佳）1块约300克，味噌酱1勺，原味酸奶1勺，白葡萄酒1茶匙，酸黄瓜1根，蛋黄酱1勺

步 骤

❶ 味噌酱、酸奶、白葡萄酒倒入碗中，混合均匀。

❷ 鱼肉擦干水，两面都抹上混合好的味噌酸奶，包上保鲜膜，放入冰箱腌入味24小时。

❸ 鱼肉腌好后取出，擦净表面的腌料后，在鱼肉两面都均匀地涂抹少许油。

❹ 烤箱预热200度，烤盘上铺上锡纸，也刷少许油，放上鱼肉后放入烤箱，烤几分钟后翻面，鱼肉烤熟即可。

❺ 可将酸黄瓜切碎粒，拌入蛋黄酱中，作为蘸酱，味道更佳。

＊新颖的形式

同样的食材、同样的烹饪，如果换一种形式就会有完全不一样的效果，而无论大人还是小孩，是最禁不住新鲜感的诱惑的。所以妈妈们可以试试把炒米饭做成饭团，把三明治做成面包卷，新鲜的形式会让小朋友雀跃的。

面包煎蛋配番茄鲜虾沙拉

（适合2岁以上）

很有营养的一顿早餐，而且很有新意。想象一下，当小朋友惊讶地看到那只煎在面包里的蛋，会是什么样的表情呢。

原 料

西蓝花1/4朵，鸡蛋1个，面包1片，番茄1/2个，虾2只，蛋黄酱1勺，酒1勺，姜2片，葱白1段

步 骤

❶ 吐司面包片放在案板上，用一只杯子倒扣在面包片上，将面包扣出一个圆洞，取下圆面包片备用。

❷ 平底锅倒少许油，油温后放入挖空的面包片，然后迅速磕入一只鸡蛋在面包被挖空的圆圈处。

❸ 待鸡蛋底部凝固后，可以用大的铲子或盘子把面包连着蛋一起盛起放入盘中，撒少许盐和胡椒粉。

❹ 锅中接一些水，加1勺酒、2片姜和1段葱白，以大火煮开后，先放入择成小朵的西蓝花略煮一下后捞出。

❺ 然后再把虾放入锅中，煮变红色后即捞出，并迅速过凉水，保持虾肉脆嫩的口感。

❻ 煮好的虾去皮、去虾线，并切丁；番茄去籽后切丁。

❼ 用蛋黄酱拌匀番茄与虾。

❽ 将西蓝花放入煎好的鸡蛋面包片上，把圆的面包片也放在盘子里，放上已经拌好的番茄鲜虾沙拉，即完成一份美好的早餐。

英式蔬菜布丁
（适合1岁以上）

有肉、有菜、有面的升级版英式布丁太适合小朋友了，而且用漂亮的小盅盛装，又有哪个小朋友能不愿意尝试呢？一旦品尝，相信多半他们会喜欢这味道。

原 料

西蓝花1/4朵，胡萝卜1/2根，鸡腿1只，鸡蛋1个，面粉40克，牛奶100毫升，蚝油少许

步 骤

❶ 鸡腿肉去皮、切小块，抹少许蚝油腌15分钟。

❷ 为了便于清洁，深烤盘铺一张锡纸，平铺上择成小朵的西蓝花、去皮切丁的胡萝卜，腌好的鸡腿肉。

❸ 为了防止水分挥发，菜肉上盖一张锡纸，放入预热200度的烤箱烤25～30分钟。

❹ 鸡蛋打散，加入牛奶后，倒面粉，混合成细滑面糊。

❺ 待蔬菜烤得比较软后，把烤箱温度调到220度，然后小心取出烤盘，揭去表面锡纸，倒入混合好的蛋奶面糊，不要再盖锡纸，直接放回烤箱继续烤约25分钟，直至蛋奶糊变得金黄且蓬松。

特别说明：

给大人或者大些的孩子吃时，可在蔬菜上淋一些融化的黄油、盐、香草碎和奶酪粉，面糊中也可以放些香草碎和盐。

14. 绘本里的美味

烹饪绘本里的美味食物

🥣 草莓豆腐

🥣 石头汤

🥣 意大利面：基础番茄意面酱，鸡肉蘑菇意面

🥣 弗朗西丝的午餐饭盒：奶油番茄汤+虾肉三明治+蔬菜蘸酱

🥣 松饼

我很乐意和孩子一起实践绘本里提到的一些美味食物，因为我觉得，如果绘本里的美好可以真的呈现在生活中的话，这会让孩子有一种安定感吧：既然绘本里的美味能成真，那么，绘本里的种种美好也是值得相信的吧？

绘本里的美好滋味

小时候，我从来没有吃过羊肉、牛肉，以及一些不常规的肉类——比如肥肠、小田螺等等。因为我妈妈不吃这些东西，所以她主观地觉得我也不会喜欢。

于是，在16岁以前，我从来没有吃过任何我妈妈不吃的东西。直到高中二年级，有次在同学家第一次吃到了涮羊肉，其实那不过是用铝锅烧了锅水，烫熟羊肉片，然后蘸着麻酱吃的简易涮羊肉片而已，但对我已是美味：原来涮羊肉嫩而香，那一丝膻气也是一种勾人食欲的讯号。

从此之后，我开始背着我妈妈尝试之前她从来没让我吃过的各种食物：羊肉串、酱牛肉、炒肝、卤煮、麻辣小田螺……几乎样样在我尝来都是美味，甚至我曾经有些惧怕的小田螺，拿着牙签挑出肉来，一只只呷摸着，也那么有乐趣。

于是有阵子我的胃很叛逆，不喜欢在家吃饭，并借着青春期的狂妄小题大做，常会拿来当某件事的引证而和妈妈抬杠。

当然现在看来，我妈妈对我口味的保守限制不算什么大不了的事情，也并未在我的成长中造成什么阴影，但我想，如果当时她能够维护我对味道的探索心，并和我一起敢于尝试更多滋味，那时我们彼此的关系会更有情趣，也会让现在多一些温情的回忆，而不仅仅是我乐着揶揄她："你那时候好专制哦，连羊肉也不给我吃。"

所以现在，我会尽量尊重和保护儿子克拉对食物的好奇，并会和他共同分享其中的滋味。很多时候，当我和克拉一起去品尝他期待的食物、并感受到他因此获得的满足时，我都会觉得和他更为亲密，我想他也会有同样的感受——因为每到这时，他都会情不自禁地抱着我亲一口："妈妈，我好爱你哦。"

当然，我对克拉在口味上的宽容也是有底线的，像酒、咖啡这些东西绝不会给他尝试，但那些我不喜欢，或者我觉得不健康的食物，则会让他尝试，只不过对于一些不适合孩子的食物，我会掌握适可而止的尺度，比如果酱。

克拉有一阵子对果酱很向往。那是缘于一本叫《弗朗西丝和面包抹果酱》的绘本。书里的小姑娘特别着迷面包抹果酱，以至恨不得一日三餐都要吃面包抹果酱。这让克拉很好奇：果酱到底有多好吃。他念叨过几次"果酱是什么味道"。虽然我觉得果酱糖分太高而不适合孩子，可是在某个周末的早晨，我还是给他准备了面包抹果酱的早餐。我想我会永远清晰地记得，当他知道摆在他面前的食物就是面包抹果酱时的兴奋与欢喜，以及咬下第一口时那庄重又满足的神情。然后克拉惯例地用还沾着果酱的甜腻腻的小嘴亲了我一口："妈妈，我好爱你。"坐着一起吃饭的家人的心都被我们的亲昵融化了。

不过这之后，我还是极少给克拉吃面包抹果酱，但我们会读更多绘本，并体验更多新鲜的其他书中的美味。

当你真的对着绘本里的菜烹饪过几次后会发现，这些绘本其实就是妈妈烹饪的最好灵感与素材，同时也是打开孩子胃口、培养良好饮食习惯最鲜活的例子。就像《弗朗西丝和面包抹果酱》那本书，真的让克拉认识到，总吃一样东西不仅不健康，而且很无趣。

我也很乐意和孩子一起实践书里的那些美味，因为我觉得，对于这个时期的孩子来说，绘本带给他们更开阔的视野和心怀。如果绘本里的美好可以真的呈现在生活中的话，这会让他们有一种安定感吧：绘本里的美味能成真，那么，绘本里的种种美好也是值得相信的吧？

烹饪绘本里的美味食物

＊草莓豆腐（适合7个月以上）——《草莓》

《草莓》是一本很有视觉冲击力的绘本，相信看过绘本的宝宝都会对草莓充满了向往。妈妈可以带着宝宝去摘草莓，或者做一餐草莓点心，一定会诱惑宝宝的食欲。这道草莓豆腐是以草莓当调料来拌食豆腐，天然的滋味更加健康，以后若读有关"樱桃"的绘本，那就把草莓换成樱桃吧。

草莓豆腐 （适合7个月以上）

  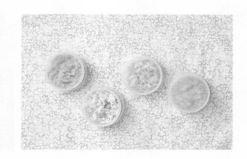

原　料

草莓10颗，嫩豆腐2片，砂糖1勺（1岁以下宝宝请勿加砂糖）

步　骤

❶ 草莓洗干净，对切为4半，放入碗中。

❷ 倒入砂糖，用手边捏边抓拌均匀，然后盖上保鲜膜放入冰箱腌渍1个晚上（如果是1岁以下婴儿，请省略此步骤，直接搅打成泥即可）。

❸ 嫩豆腐切片，放入碗中，在蒸锅里大火蒸1~2分钟后取出，晾凉到室温。

❹ 草莓腌好后取出，连着汤汁和果肉直接浇到豆腐上即可。1岁以下宝宝以新鲜的草莓搅拌成果泥，拌入豆腐中即可，当然大些的宝宝以这样的办法烹饪也更健康。

特别说明：

虽然一般嫩豆腐的包装上会说明可直接凉拌，但如果高温蒸1~2分钟会更卫生。

＊石头汤（适合 10 个月以上）——《石头汤》

　　取材自法国民间故事的《石头汤》也是一本大人和小孩子读起来都会觉得有意思的书。这本书也是一本得大奖的绘本，书中插画很有东方风韵呢。

　　虽然我做的石头汤和书里的菜谱不太一样——至少没有石头，而且烹饪也更为简单，但美味和营养依旧。这道汤不仅因食材丰富、营养全面而更适合孩子，也是特别适合全家人共同分享的汤。

　　特别想说的是，也许你真的可以用两块干净的石头放进汤里哦。

石头汤 （适合 10 个月以上）

原　料

蘑菇1/2小碗，豌豆1勺，胡萝卜1/2根，豆腐1小块，玉米1/2根，蒜1瓣

步　骤

❶ 蒜切蒜粒，玉米砍段，蘑菇择成小朵，胡萝卜去皮、切小丁，蘑菇切小块。

❷ 锅中倒少许油，油温后放入蘑菇翻炒。

❸ 待蘑菇炒出汤后，加入适量水。

❹ 然后把玉米、豌豆、胡萝卜放入锅中，小火煮30分钟。

❺ 最后加入豆腐略煮即可。

*意大利面——《阴天有时下肉丸》

电影《美食从天而降》就是由绘本《阴天有时下肉丸》改编的。很有趣的故事，更有很多小朋友熟悉的西式美食，意大利面便是其中一道。

传统的番茄酱意面真的很适合孩子，而且在这个面酱的基础上还可以做各种组合、变化，我认识的大部分孩子都会爱吃这种意面。

基础番茄意面酱 （适合 10 个月以上）

原 料

番茄2个，洋葱1/4个，大蒜2瓣，罗勒1小把，橄榄油2勺，盐1茶匙，研磨黑胡椒碎末1/2茶匙

步 骤

❶ 番茄顶部划开十字刀，放入开水里浸泡1~2分钟捞出，即可轻松剥去番茄皮。

❷ 番茄切块，放入搅拌机中搅拌成番茄酱。

❸ 洋葱切末，大蒜剁蒜粒；锅中倒入橄榄油，油温后放入洋葱、大蒜炒香、炒软。

❹ 倒入番茄酱慢慢翻炒，一直把番茄酱炒至略黏稠。

❺ 加入罗勒、盐和胡椒碎再熬几分钟后即可。

❻ 此时的番茄酱则是地道的基础番茄意面酱，可以直接拌面，也可以加入其他食材做成不同风味的意大利面。

> **特别说明：**
>
> 为1岁以下的小宝宝烹任番茄意面酱时，无需加盐和胡椒，并注意要把罗勒叶夹出，以免宝宝不易咀嚼；另外，大一点的宝宝如果不喜欢胡椒口味，也可以不放胡椒；买不到新鲜的罗勒，也可以用干罗勒香料代替；一次可以稍微多做一点番茄意面酱，然后分份冷藏或者分份冷冻起来，需要时使用即可。

鸡肉蘑菇意面 （适合18个月以上）

以基础的番茄意面酱作为调料，加入任何宝宝喜欢的口味，就可以做成百变的意大利面，当然添加的食材要考虑到宝宝的年龄，比如如果是小于18个月的宝宝，就可以把这道蘑菇鸡肉意面里的鸡肉片换成鸡肉泥，把蘑菇打成蘑菇酱后再烹饪。

原 料

鸡肉100克，口蘑100克，酒1勺，盐1茶匙，淀粉1勺，面条适量，番茄意面酱适量

配 料

干奶酪粉1勺

步 骤
----

❶ 鸡肉切片，加入淀粉、酒抓匀，腌30分钟；蘑菇切片。

❷ 把锅先烧热，再倒入少许油，放入鸡肉片滑炒开后盛出。

❸ 锅中底油继续炒蘑菇，将蘑菇片一直煸炒干。

❹ 把鸡肉倒回锅中，加入适量的番茄意面酱略翻炒调味即可。

❺ 煮锅中加足量水，加少许盐和油，大火烧开后转小火，放入面条（意大利面口感稍硬，建议给宝宝煮食还是用普通面条，并在酱烹饪完成后再煮面条，这样面也无需过冷水）。

❻ 面条煮好后捞出盛入碗中，加入蘑菇鸡肉意面酱，再撒一些干奶酪粉即可。

特别说明：

以酒腌鸡肉可以去腥，料酒在高温烹饪过程中会挥发酒精，因此在这道菜的烹饪中可以少量用些酒，以干白葡萄酒或者料酒为好。

★弗朗西丝的午餐饭盒：奶油番茄汤＋虾肉（用普通虾代替）三明治＋蔬菜蘸酱——
《弗朗西丝和面包抹果酱》（适合 18 个月以上）

　　《弗朗西丝和面包抹果酱》曾经是我儿子特别喜欢的绘本。书里的小姑娘特别着迷面包抹
果酱，恨不得一日三餐都要吃面包抹果酱。她的妈妈索性真的每天、每顿都给她吃果酱、面包，
直到她吃腻了，而要吃新的食物为止。这本书对食物的形容生动而迷人，让小朋友充满了尝试
各种食物的欲望。

　　所以有时候，绘本也是打开孩子胃口、培养良好饮食习惯最鲜活的例子。这本书就真的让
我家小朋友认识到，总吃一样东西不仅不健康，而且很无趣。

奶油番茄汤 （适合 1 岁以上）

　　虽然奶油是这道菜最重要的配料，但奶油含脂肪高、味道过于浓郁，所以换成牛奶会更清爽，对小朋友而言，也更
为健康。

原　料

番茄1个，洋葱少许，土豆1/2个，胡萝卜1/2根，黄油2茶匙，盐（或香草海盐）1/2茶匙，鸡汤2杯，牛奶（或奶油）2勺

步　骤

① 番茄顶部划十字口，泡在开水里1～2分钟至番茄皮绽开，剥去番茄皮、切块。

② 洋葱切小片，土豆切片，胡萝卜切片。

③ 锅中倒少许油，烧温后，倒入洋葱炒香。

④ 倒入土豆、胡萝卜略微翻炒。

⑤ 再放入番茄块翻炒至出汁。

⑥ 加入鸡汤（或者以水代替）后，以中火慢煮至土豆绵软，关火，晾凉。

⑦ 等汤不烫后，将汤倒入搅拌杯中，加入黄油、牛奶（用淡奶油效果更好，但热量也高）搅拌均匀，成细腻糊状。

⑧ 将搅拌好的汤倒回锅中重新加热至适合温度，调入盐即可。

虾肉三明治

（适合2岁以上）

　　将原书中的龙虾换成了普通虾，并增加了西芹和红彩椒，这样更平易近人了。

原　料

冷冻虾仁（或活虾），西芹1/2根，红彩椒1/4个，蛋黄酱2勺，热狗面包1只，葱少许，姜少许，料酒1勺

步　骤

❶ 锅中倒足量水，放入姜片、葱段、料酒，大火烧开。

❷ 倒入虾仁（或虾），一变色即捞出过冰水，以让肉质更有弹性。然后沥水，如果是虾，则还需要去虾头、虾皮。

❸ 西芹和红彩椒切小丁。

❹ 把虾、西芹小丁、红彩椒小丁放入大碗中，加入蛋黄酱拌均匀。

❺ 热狗面包烘烤后从中间剖开，加入拌好的虾仁和蔬菜即可。

蔬菜蘸酱
（适合2岁以上）

这道菜的核心就是用小朋友喜欢的味道来吃蔬菜，无论花生酱、果酱、巧克力酱，都可以用蔬菜来蘸着吃，小朋友对蔬菜应该不那么反感了吧？当然，一定要控制蘸酱的量，少蘸些即可，蘸多了倒适得其反了。

原　料

芹菜，胡萝卜，果酱（或小朋友喜欢的花生酱等任何酱）

步　骤

① 芹菜切条，胡萝卜切条。

② 胡萝卜需煮软。

③ 将蔬菜条蘸着喜欢的酱吃即可。

＊松饼（适合1岁以上）——《鼠小弟和松饼》

《鼠小弟和松饼》是"鼠小弟"系列中的一本，这是一套非常可爱的故事书，但似乎更像是给成年人看的童真绘本，书里很多的小幽默你要解释给孩子他们才会懂。不过，当你给他讲解明白了，这套书依然会让孩子捧腹大乐。有时候，不妨和孩子一起读点大人也爱看的绘本，这会让我们重拾一些简单的快乐。

选了这套书里的一个关于松饼的故事，是因为大部分小朋友都会喜欢吃这种松饼，我们可以用它来做早餐或者点心，也可以把其中的香蕉换成红薯泥或者芋泥等，变化不同的口味，让人永远吃不腻。另外建议，妈妈可以把菜谱中的砂糖量减少，或者不加糖，做出原味的松饼，配着新鲜水果一起食用，会更适合宝宝。

松饼 （适合1岁以上）

原　料

面粉（低筋面粉为佳）150克，细砂糖30克，牛奶120克，原味酸奶100克，鸡蛋1个，泡打粉1茶匙，黄油35克，香蕉1根

步　骤

① 把面粉、细砂糖、泡打粉放入大碗中。

② 鸡蛋打成蛋液，加入牛奶、酸奶、融化的黄油，充分搅拌均匀。

③ 将牛奶蛋液缓缓地倒入面粉盆中，边倒边搅拌至充分混合。

④ 香蕉按压成泥后，也倒入面糊中充分搅拌均匀。

⑤ 在不粘锅中心位置抹少许油，稍热后，倒入一勺面糊液，摊成小圆饼。

⑥ 感觉到饼的底面已经凝固成型、边缘略翘起、上面的面也基本凝固后，将饼翻过来。

⑦ 继续烘1分钟即可。

15. 家庭主题餐日

重要节日的家庭食谱

🥣 春节：小白菜酱肉饺子
🥣 圣诞：中国式八宝烤鸡
🥣 生日：戚风蛋糕

　　每周的"主题餐日"可以把简单的饭菜"包装"成隆重的家庭活动，轻松却充满乐趣，凝聚着一家人。日积月累地坚持下来，便会是特别有意义的家庭生活，并成为一种家庭的传统，铭记在我们的心里，是一生都温暖的记忆。

家庭主题餐日

　　吃饭，其实是家庭生活很重要的一个内容。我总觉得，就算工作再忙的父母，周末也一定要抽出时间带孩子去餐厅正经吃顿饭，还要全家人围坐在自家的餐桌旁吃一顿妈妈做的菜。这是家庭生活的存在感——一桌菜热气腾腾、香味四溢，一家人围坐在一起热热闹闹、乐乐呵呵。

　　这一顿"妈妈的菜"倒不一定是精美的四菜一汤，连我这样热爱烹饪的人也都觉得周末实在没有必要把大量时间和精力消耗在一桌饭菜上，简简单单做一两道菜，却又能搞出正儿八经的气氛才是正道。

而我取巧的办法就是搞家庭"主题餐日"，如"电影主题餐"、"足球主题餐"、"海洋生物主题餐"，或者更具体化、简单一些的"意大利面主题餐"、"肉丸主题餐"。"主题餐日"的饭桌上自然是要摆上与主题有关的食材烹饪的美味，全家人在饭桌上的话题也要和主题有关，甚至餐桌摆设也都可以配合主题。这样的"主题餐日"不仅可以邀请孩子的小朋友一起参加，就算只是自己家人一起进餐，也一样热闹。

这个主意听起来是不是挺好玩，但也会让人觉得好像复杂又费事儿？其实，"主题餐日"操作起来特别容易。

比如主题是"鱼"的时候，我只做了一个烤鱼配烤蔬菜，简单地拌了腐竹黄瓜丝算凉菜，甜点则买的现成的豆沙馅"鱼形烧"，而餐桌上则摆了一小盆金鱼，还放了小鱼图案的餐巾纸。你看，是不是挺简单却又挺有形式感的？而在我们吃烤鱼的时候，孩子们给我们讲了美人鱼的故事，我则给小朋友讲了吃鱼有什么营养，爸爸从电脑里找了一些鱼的照片，当然，我这没忘找几首以鱼为主题的歌，在准备晚餐的时候当作背景音乐。

有时候，"主题餐日"的主题还可以重复。像我家，最爱的"主题餐日"就是意大利面，每个人都喜欢吃变着花样的意大利面，夏吃凉爽的意面沙拉，冬吃厚重的烤千层面，而关于意面的话题每次也都各不一样，最近这次我竟然用意面当道具，教小朋友做起了数学题。

就这样，每周的"主题餐日"可以把简单的饭菜"包装"成隆重的家庭活动，轻松却充满乐趣，凝聚着一家人。日积月累地坚持下来，便会是特别有意义的家庭生活，并成为一种家庭的传统，铭记在我们的心里，是一生都温暖的记忆。

小白菜酱肉饺子

重要节日的家庭食谱

＊春节

　　节日最隆重的形式莫过于全家坐在一起大吃一顿了！所以无论中外，无论大小节日，都会有标志性的节日庆典美食。

　　中国人最看重的节日自然是春节，而在春节大年初一不能缺少的美食便是饺子了！

　　当然，虽然都是饺子，但每家的饺子味道却是不一样的。而这一家饺子一个味儿的区别，也就在每个人的记忆中留下了家的难忘味道。

　　饺子的千变万化自然都是在那饺子馅中。不仅各家饺子馅用的材料不一样，拌馅的方法也是不一样的。于是，一样的饺子，却有着千万种滋味，深深地留在每个人的记忆里。年的味道，还是那份亲切的滋味。

　　我家的饺子自然也有我家饺子的门道，我总觉得，那也是我家饺子好吃的窍门——在饺子馅里一定要剁些酱肘子肉在里面！而且还讲究必放"天福号"酱肘子才够味！这可能是北京人才懂的"密码"吧。

原 料 ---

面粉400克，水200克，盐适量，小白菜300克，猪肉末200克，天福号酱肘肉200克，酱油3勺，香油2勺，花椒1/2勺，桂皮1根，葱白1段，姜3片

步 骤 ---

❶ 面粉中加2克盐。

❷ 一边慢慢往面粉中倒入冷水，一边搅拌面粉成小片的雪花状。

❸ 揉成光滑的面团，盖上保鲜膜或者锅盖，静置醒面20～30分钟。

❹ 醒面时可以和馅。首先把花椒、桂皮、葱、姜放小锅中，倒少许水，煮开后关火自然放凉。

❺ 小白菜洗干净后剁碎末，撒1茶匙盐静放5～10分钟。

❻ 天福号酱肘子切成碎末子，最好选取有肉皮、偏肥的部分。

❼ 肉末放入大碗中，把煮花椒的水一点点倒入，边倒入边用手抓肉末，让肉末充分吸水。

❽ 也可以用筷子搅拌，把肉末抓或搅拌至上劲。

❾ 倒入切好的酱肉碎拌匀。

❿ 拌入3勺酱油和适量盐调味。

⓫ 把小白菜攥掉水后放入肉末中拌均匀。

⓬ 倒入香油拌均匀。

⓭ 面团醒好后取其中一部分揉成长棍状，切割成乒乓球大小的均匀面剂子。

⓮ 在案板和擀面杖上撒少许干面粉，取其中一个面剂子按压成圆饼状后，擀成手掌大小的饺子皮。

⓯ 取一些馅放入皮中，捏成饺子。

⓰ 煮锅中倒入足量水，撒少许盐。

⓱ 大火把水煮开后，倒入饺子。

⓲ 当饺子鼓起并浮上水面，即可捞出食用。

中国式八宝烤鸡

＊圣诞

微博上，有个育儿杂志的主编这样写道：

"每个妈妈都应该为孩子竖棵圣诞树，每个孩子都应该从袜子里找到礼物。这无关信仰、文化，也不在乎贵贱。只是孩子们最需要期待、希望和惊喜。而节日最大的意义就是提醒我们：生活里总有些东西值得欢庆。"

是的，这也是我在有了孩子之后，越发重视各种节日的原因。不分大小，无论中西，但凡是个节，我都要讲究各种习俗地让全家人围坐在一起吃一顿，即使有些东西因着食材、口味的关系，搞得不那么正宗、地道、甚至有点不伦不类，我也仍然乐此不疲。

各种节日其实已经越来越淡化最初的意义了，而无论中西方，对于现代人来说，节日最大的意义就是可以让一家人的聚会多一些仪式感、隆重感。我还觉得，不同的节日，还可以让孩子能从餐桌上饭菜的变化、房间里布置的不同，感受到生活里不断的兴奋点、新鲜感，并对岁月流转有最真切的感受。

而圣诞节可能是除春节外，我最看重的节日。我真心觉得，一个有孩子的家庭，学着西方过圣诞节更是一个不可缺少的家庭节日。圣诞的很多细节带给孩子的欢乐和美好记忆，是春节所欠缺的。尤其是圣诞老人夜里偷偷送礼物来的故事，会是多少孩子和家庭年复一年的快乐，和永远难忘的可爱记忆呀。

原　料

鸡，糯米，蘑菇，腊肠，速冻什锦蔬菜（包括玉米，豌豆，胡萝卜），栗子，红枣

配　料

酱油，酒，糖，粗盐，盐，油

步　骤

① 三黄鸡清理干净内膛，放入开水中略烫5分钟后沥干水。

② 在鸡的表面和内膛都涂抹一些生抽酱油、烧酒和糖，并在鸡肚子里塞一些姜片、葱段，在通风处腌制半天并晾干。

③ 糯米浸泡4小时，香菇泡发后切方丁，速冻蔬菜解冻后沥水，栗子去皮，腊肠切丁，红枣洗净去核。

④ 将糯米、香菇、速冻蔬菜粒和栗子、腊肠混合，加少许水后，上锅蒸熟，拌少许盐调味，并晾凉备用。

⑤ 腌好鸡，取出内膛里的葱、姜，将蒸好的糯米饭塞入鸡肚里，用牙签封好口。

⑥ 在鸡的表面均匀地涂一层油，然后用锡纸包裹好。

⑦ 在可以入烤箱的容器中撒一层粗盐，放入包好的鸡，再倒入粗盐完全没过鸡，放入烤箱用180度烤约40～60分钟，关掉烤箱后，让鸡继续留在烤箱里，利用盐的余热让鸡肉完全烤熟。

特别说明：

一般家庭聚会，以三黄鸡等普通肉鸡代替火鸡，可以明显减少烹饪时间和能源的耗费，而且食用量也恰好。

＊生日

戚风蛋糕

全家人的生日，我都要亲自给他们做蛋糕，让他们在生日的那个早晨吃到 homemade 的蛋糕，让那美好的一天从甜蜜开始。

如今，在我的生活里，有些食物已成为每年固定的内容：每年生日的蛋糕，早餐永远都会出现的"妈妈牌"鲜榨橙汁，每周一的全素菜日，每个周末所有亲戚都参加的家庭聚餐会，年复一年除夕夜全家一起包三鲜饺子，它们不断重复、巩固着我们对生活的记忆，我相信，那些美好的食物中蕴藏着会伴随我们每个人一生的温暖味道。

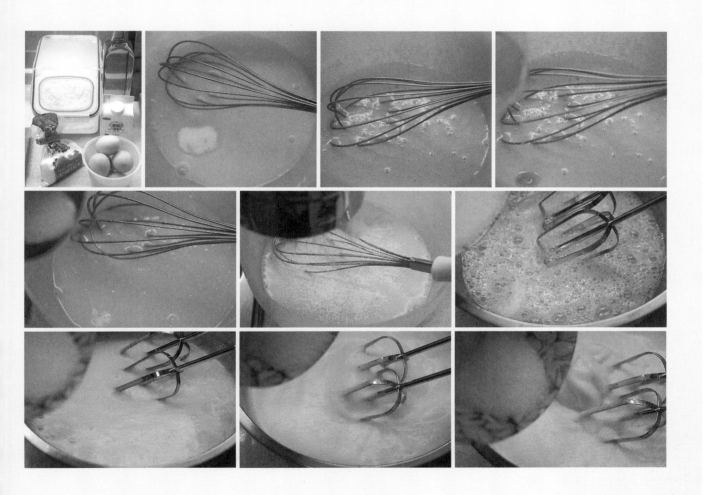

原　料（直径20厘米烤模）

鸡蛋4～5个（总重量应该约240克），低筋面粉85克，牛奶（或水）50克，油（无味，如葵花籽油）50克，细砂糖40克（其中打发蛋白用30克，搅拌面糊用10克），盐1小勺（4克），泡打粉1/2小勺（2克）

步　骤

❶ 将鸡蛋蛋白和蛋黄分开。请确保盛蛋白和蛋黄的容器一定无油、无水。

❷ 将10克（约1/4用量）的细砂糖倒入蛋黄中，用打蛋器搅拌，让糖完全融化。

❸ 边搅拌边加入牛奶。

❹ 继续边搅拌边加入油。

❺ 将面粉、泡打粉、盐混合后过筛子筛入蛋黄中。

❻ 以从下往上捞起再像用刀往下切一样的方法搅拌，将面粉与蛋黄迅速地搅拌均匀，让面粉与蛋黄融合即可，以免破坏面粉的面筋。搅拌好的蛋黄糊盖保鲜膜备用。同时将烤箱温度设置为180度，启动预热。

❼ 要以低速将蛋白搅拌出比较丰富的气泡状后，将剩下糖量的1/3（约10克）倒入，然后把电动打蛋器从低速到中速、高速，继续充分搅拌。

❽ 蛋白成比较细腻的泡沫时，再加入剩下的一半糖（约10克），继续以高速充分搅拌蛋白。

❾ 待蛋白打至湿性发泡，也就是用打蛋器头挑起一些蛋白，会有一个蛋白小三角向下落的状态。这时加入最后的10克糖，并以低速继续搅拌至干性发泡。

❿ 当蛋白干性发泡时，把打发蛋白的盆倒过来，蛋白倒盆不撒，说明蛋白充分打发了。全部过程约2～3分钟即可。

⓫ 将一半的蛋黄糊倒入蛋白中，以从下往上捞起再像用刀往下切一样的方式搅拌，将蛋白与蛋黄糊迅速地搅拌均匀。

⓬ 将已经与一半蛋黄糊混合的蛋白全部倒入蛋黄糊盆中，继续以从下往上捞起再像用刀往下切一样的方式搅拌。

⓭ 将混合好的蛋糕糊倒入模具中，双手端着模具轻轻在桌面磕一磕，让蛋糕糊平整，也可以排出空气。把蛋糕放入已经达到170度温度的烤箱下层，先烘烤15分钟，然后把温度调低到165度，继续烤15～20分钟。

⓮ 烘焙期间不要打开烤箱。烤好后，取出蛋糕，将烤箱架架到杯子上，把烤好的蛋糕连着模具倒扣过来，以防止回缩。

⓯ 蛋糕温度降到室温，即可以把蛋糕取出，用薄片刀子顺着模的边沿轻轻伸进去划一圈，然后把模具倒过来轻轻拍两下，蛋糕就很容易取出了。取出蛋糕后，把表面深色的蛋糕皮片掉，就可以进行任意装饰了。比如，在女儿可乐100天的时候，我就用草莓和奶油装饰了一个草莓奶油蛋糕。

图书在版编目(CIP)数据

宝贝，吃饭啦！/ 胖星儿著. — 桂林：漓江出版社，2014.4
ISBN 978-7-5407-6932-1

Ⅰ.①宝… Ⅱ.①胖… Ⅲ.①儿童—保健—食谱 Ⅳ.①TS972.162

中国版本图书馆CIP数据核字(2013)第313681号

宝贝，吃饭啦！

作　　者：胖星儿
策划统筹：符红霞
责任编辑：张　芳　董　卉
装帧设计：黄　菲
责任监印：唐慧群

出 版 人：郑纳新
出版发行：漓江出版社
社　　址：广西桂林市南环路22号
邮　　编：541002
发行电话：0773-2583322　　010-85891026
传　　真：0773-2582200　　010-85892186
邮购热线：0773-2583322
电子信箱：ljcbs@163.com　　http://www.Lijiangbook.com
印　　制：北京盛通印刷股份有限公司
开　　本：965×1270　　1/24
印　　张：8
字　　数：100千字
版　　次：2014年4月第1版
印　　次：2014年4月第1次印刷
书　　号：ISBN 978-7-5407-6932-1
定　　价：40.00元

阅美 文化

阅美精选

漓江出版社·漓江阅美文化传播

联系方式：编辑部 ┊ 85891016-805/807/809
　　　　　市场部 ┊ 杜　渝 [产品] 85891016-811　胡婷婷 [网络营销] 85891016-801
地　　址：北京市朝阳区建国路88号SOHO现代城2号楼1801室
邮　　编：100022　　　　　　传　　真：010-85892186
邮　　箱：ljyuemei@126.com　　网　　址：http://www.yuemeilady.com
官方微博：http://weibo.com/lijiang　官方博客：http://blog.163.com/lijiangpub/

阅 读 阅 美 ， 生 活 更 美